ALL THE EFFORTS
WILL BE
REWARDED IN
ANOTHER WAY

沒你強的人，為何混得比你好？

42堂職場素養升級課，
幫你停止無效努力、調和工作倦怠，
才華與機運發揮最大化

職場戰鬥力導師
毅冰——著

方舟文化

獻詞

謹以此書獻給我的妻子和女兒。

是你們的支持和付出，

讓我有更多時間投身於我喜愛的創作。

自序

人生如逆旅，我亦是行人

恍恍惚惚，發現自己已到了不惑的年紀，這些年我做了些什麼呢？

仔細想想，沒有「要斬樓蘭三尺劍」的豪邁，沒有「十年一覺揚州夢」的旖旎，只有在前進路上的跌跌撞撞，在迷霧中不斷探尋方向和出口。

起點不高，資源不足，能力不夠，運氣不佳，迷迷糊糊過了很多年後才驀然驚覺，這是我想要的日子嗎？我真的要這樣一日一日看不到頭地重複，然後追悔和抱怨嗎？還是說，在某一天發現，往事不可追，一切都是命中註定，然後再找個藉口繼續坦然生活在井底？

不，我不甘心！我不想在三十五歲之後還抱著簡歷坐著公車前往面試地點；我也不想隨著年齡漸長而失去職場優勢，被年輕的同事鄙視，被上司冷眼嘲諷。

有句話叫「人在江湖飄，哪能不挨刀」，還有句話叫「可憐之人必有可恨之處，可恨之人必有可悲之苦」。

職場失意，人生迷茫，其實怪不得別人。不要說什麼大環境不好、世道不佳，因為大環境也好，世道也罷，對每個人都是公平的。你做不到便怨天尤人，這樣解決不了任何問題。

艱難困苦，玉汝於成。每個人都有自己的困難，都有不為人知的艱辛，沒有任何人的成功是唾手可得的。你以為別人輕而易舉便得到了自己想要，那是因為你根本沒看到他們背後的故事。

我曾一度特別消沉，做啥啥不行，怎麼努力都無濟於事，一個個機會與我擦肩而過。看著別人在職場中如魚得水，我覺得十分魔幻，為什麼很多能力不如我的人會過得比我好呢？為什麼我已經拚盡全力，卻還是如此絕望呢？

後來我慢慢明白，**不是「努力」這件事情錯了，而是我對於很多問題的認知，從根本上就錯了。**

我過於理想化自己的努力，但是忽略了其他的很多東西，如機會的尋找、情商的錘煉、心態的調整、學習的方法、時間的管理、行業的選擇、深層的思考、風險的對沖、善良的邊界、情緒的控制……這些東西在學校裡是學不到的，沒有教科書系統化地告訴你在職場中該如何生存，如何跟人打交道，而恰恰是這些東西構成了一個完整的你。

有些事情，一旦說穿，也許你就會恍然大悟：原來就是這樣，原來事情如此簡單！

是的，非常簡單。人生的一切問題化繁為簡後，無非那幾個原則、那幾個道理、那幾個詞彙。可如果你在門外，你的認知就會與此大相徑庭，好多年都難以略窺門徑，這才是真正可怕的事情。有朝一日你摸索明白了，可時光也早已過去，這時候你只能感慨青春不再，一切難以重來。

年少輕狂，如白駒過隙，越過山丘，卻發現已然白了頭。時間去了哪裡？醇酒、美人、策馬江湖，那是夢中的天涯。而許多事情還沒開始，自己還沒準備好，就已經結束，告別時連聲招呼都不跟你打，你就已經出局。

殘酷嗎？現實嗎？答案是肯定的，但職場不會因為你的軟弱而給你特別的照顧和優待。你只能接受，只能在遊戲規則內跟別人同場競技。

這本書寫的就是一些你知道的和不知道的規則，你想知道但沒人告訴你的內情，以及一些你不知道但別人知道的秘訣。還有一些你已然知道，但依然能觸動你心弦、令你產生共鳴的故事。

活成自己喜歡的樣子，不要在若干年後抱怨、追悔和遺憾，這或許是我們大家共同的理想。

願你眼中有星辰，心中有山海，胸中有溝壑，手中有刀劍，把所有的過去都散於風輕雲淡，把所有的未來都聚於鐵馬冰河。知道自己該做什麼，也明白自己要放棄什麼。

夫天地者，萬物之逆旅；光陰者，百代之過客。而浮生若夢，為歡幾何？人生本就是逆旅，你我皆是行人。

我只希望，多年後回望過去，你依然可以保持樂觀和童真，笑對職場和人生的種種艱難。

舉手投足間，都是淡定。

眼角眉梢間，俱是自信。

毅冰

CONTENTS

Chapter 3

持續低效率的魔咒，怎麼破？

奔流到海不復回

Chapter 4

時間管理難以做好，為什麼？

會挽雕弓如滿月

Chapter 1

你對於職場的認知，都對嗎？

世味年來薄似紗

陸游〈臨安春雨初霽〉

商業社會的第一課

1

有朋友問我，如果給所有外貿人講一課，只有一課內容，你會講什麼？是銷售技巧、行銷定位、品牌策劃、管道為王、談判策略，還是眾多學員追捧的Mail Group（郵件群）開發思維？

我認真想了想，搖了搖頭。這些都是商業技能方面的東西，能教你做事，但不能教你做人。簡單來說，在商業社會中，對於外貿人，對於所有商業人士而言，最根本和最稀缺的東西，在我看來，是**一開始就要樹立正確的「三觀」**[1]。

我們首先要懂得商業社會的規則，知道如何堂堂正正工作，正正當當賺錢，還要將這些規則貫穿職業生涯的始終。

若給所有人講一課內容，我會講Business Conduct & Ethics（商業行為與道德）。因為這是所有商業課程的基礎，也是每個人進入商場必須學習的內容。

上過歐美國家主流商學院ＭＢＡ課程的朋友應該知道，這門課是必修課，是必須學習也是必須通過的。一個人能力再強，若沒有商業道德的約束，那麼這個人對其他人，乃至對整個商業社會的危害，將是難以想像的。

我們可以設想一下，如果我們身邊的某個朋友，一邊在公司上班，一邊自己創業，利用公司的資源做自己的私人生意。有客戶詢價，他以公司業務員的名義報高價，胡亂應付，然後換個郵箱和名字，以自己公司的名義報低價，「專業、高效」，賺了不少錢。對於這種行為，我們會怎麼想？

一方面，我們或許會不齒對方的行為，覺得用這種手段中飽私囊過於低劣，生意也不可能長久。另一方面，我們或許會暗暗羨慕和嫉妒別人的腦子好用，羨慕別人能夠迅速積累財富，年紀輕輕就買了房，甚至還計畫逐步過渡到全職創業。

這個時候，如果這個朋友給我們傳授他的「心得技巧」，教我們如何利用公司的資源開發自己的客戶，如何不投入就得到產出，包括如何註冊境外公司，如何運營和處理財務問題，如何讓客戶對公司失望轉而信任自己，如何透過各種不正當手法迅速賺到第一桶金……那麼我們該怎麼做呢？那個「邪惡」的我們會不會打敗「正義」的我們，從而選擇朋友的這條路？我只能說，完全有這種可能性。

這就是為什麼我們一直強調商業道德的重要性的原因。遵守商業道德，其重要意義不在於別人怎麼說，而在於每個人心裡要有一桿秤，知道哪些事情可以做，哪些事情絕對不能做；知道紅線在哪裡，如何不踩線。

1 即世界觀、人生觀、價值觀。

2／

前段時間我從一個朋友那裡得知，她手下的一個業務經理居然在她眼皮底下偷偷「飛單」[2]，吃裡扒外、中飽私囊。

偶然得知這件事情後，她既傷心難過，又自我懷疑。傷心難過，是因為這件事給公司帶來了很大的損失，公司的利益被層層盤剝，資源被蛀蟲偷走，很多應該拿下的客戶都被這位業務經理偷偷「攔胡」；自我懷疑，是因為她給了這位業務經理很大的支持和權限，給了他全公司最高的薪水，所有的分紅都按時支付，從無剋扣，而這位業務經理卻這樣回報她。

她一度找我抱怨，說人心難測，實在讓人過於心寒。她以誠待人，每年這位業務經理的薪水超過三百萬元，而且在業務開發這方面，要錢給錢，要人給人，要展會給展會，要助理配助理，她實在想不通，自己究竟哪裡做錯了，為什麼下屬還是不滿意，要做這種卑劣的事情。想創業可以理解，大方地辭職就好，她絕對會祝福，為什麼要在背後捅刀子？

我給她的答案是，這不是她的問題，她沒有錯。她信任手下，在工作中給予手下最大的支持，這是正確的，沒有必要自我懷疑。但我想補充的是，這個世界上終究會有一些人，思想偏執，行為偏激，容易被帶動，也容易被煽動。

她的業務經理我認識，她是我的學員，是一個非常好強、能力也相當不錯的女生，工作很用心，也很能吃苦。這件事情發生後，我一開始覺得相當意外，但轉念一想，發生這樣的事情並不奇怪。如果一個人能力不錯，又特別好學、十分勤奮，卻沒有正確的「三觀」指引，難免會心高氣傲，產生攀比心。

×××能力不如我，收入居然比我高；

×××才一年多工作經驗，居然已經開始創業了；

×××做外貿不到兩年，就賺到了頭期款，買了房。

身邊一個個活生生的案例，會給她很大的觸動，讓她懷疑自己踏實工作有沒有價值。這個時候若是有一些雜音不斷地在她耳邊聒噪，讓她覺得自己付出多了，收入少了；讓她覺得有權在手，可以利用一下，謀一些私利，那麼她就有可能在錯誤的路上越走越偏、越跑越遠，直到回不了頭。

3

我寫這篇文字，就是想說說我對於商業道德的理解。我真心不想看到一些能力還不錯的銷售人員或採購人員，為了蠅頭小利，做一些違反誠信、違反職業操守的事情。

還是那句話，要在一個行業裡做得好、走得遠，就必須珍惜羽毛，必須有專業素養，有職業道

2 指業務人員拿到訂單之後，不是把訂單帶回自身公司，反而交給了別的公司執行。

德。否則只要做錯一次，有了道德上的污點，這個污點將伴隨你一輩子，甚至讓你在未來經歷無數次反噬。

你所處的圈子，說大也大，說小也小。任何的風吹草動，都有可能吹到別人的耳朵裡去。不要覺得自己夠聰明，而別人都是傻子；不要存僥倖心理，覺得自己小心謹慎不會被人發現。如果今天你做了違反商業道德的事情，侵犯了公司的利益，明天公司搜集證據把你送進監獄，你還會做嗎？

過去這些年，很多企業的老闆覺得打官司過於麻煩，會選擇息事寧人。發現員工私底下飛單或者侵犯了公司利益，大不了與員工解除勞動合約，眼不見為淨；或者考慮到過去多年的合作，不忍心下狠手，選擇好聚好散，就放了他們一馬。

殊不知，這種縱容不僅不會讓犯錯的人警醒，還會讓他們以為自己做的是對的。他們甚至會拿「第一桶金都是罪惡的」這種話來作為擋箭牌，為自己違反職業操守的行為開脫。我只能說，這樣的人整個價值觀都是有問題的，他們是能賺一點錢，謀一些利，但格局這麼小，是不可能有大成就的。

4／

有些人也許會說：「在這個行業裡，很多客戶、很多資源、很多詢價都是有衝突的，難道我不做事了嗎？就算我在公司裡不飛單，不私底下搶客戶，那我辭職以後呢？如果我自己創業了，難道過去的客戶我都不能碰嗎？如果老公司跟美國幾乎所有的大零售商都有合作，難道我全要避嫌，徹底放棄美國市場？」

別急，這兩者其實是可以做精確區分的，這條紅線就是**你不能利用過去在老東家獲取的資源，去侵害老東家的利益**。

接下來我用案例來更準確地解釋一下。

假設你之前任職的公司是做傢俱的貿易公司，給美國零售商 Ashley Furniture 提供了一套戶外傢俱。你知道下單的工廠，知道客戶的品質要求和所有流程，知道成交價是三百五十美元，也知道產品在美國的零售價是一千一百九十九美元，甚至知道配件和鋪料的供應商，包括客戶的買手和辦事處人員的聯繫方式。這一切都得益於你過去是這家貿易公司的員工，甚至這個項目就是你經手的。

假如你離開了公司後又去聯繫客戶的買手，告訴對方，你自己創業了（或者你跟朋友合夥創業），讓買手從你這裡下單，你給的報價是三百二十美元，其他一切照舊。

這種情況就屬於利用了老東家的資源，侵犯了老東家的利益，踩了紅線，是違反職業操守的。

有些人更過分，一邊在公司工作，一邊私底下偷偷創業（屬於半創業狀態），利用公司的展會和網路平臺獲取詢價，然後私底下進行回覆和開發客戶。比如，對於前文提到的產品，以任職公司的名義，故意給客戶漲價到三百八十美元，然後再以自己創業公司的名義，偷偷報價三百二十美元，透過價格差來騙取訂單，這屬於嚴重違反職業操守的行為。

那怎麼做才是合理、合情、合法的呢?比如,你離開老東家後,可以聯繫客戶,告知對方,你離職了,現在去了哪裡,有什麼想法和安排。如果沒有同業禁止協議,那麼你繼續從事與老東家業務相關的工作也是可以的,這是你的自由。你可以跟客戶提議,將來有什麼其他專案,可以給你一些機會,這才屬於沒有侵害老東家的利益。

別人已經合作的項目,你知道內情,知道價格,知道底細,這時候插一手是不合適的。但是新項目、新產品,不知道老東家的報價和底細,大家公平競爭,這很正常,也很自然。

5/

在商業社會,**道德和誠信才是最寶貴的財富,才是一個人的核心價值所在**。有些朋友會為自己賺了錢、走了捷徑而沾沾自喜,殊不知,這些都是小道,是見不了大場面的。

你今天坑了現任老闆,給自己謀私利,明天也許會坑新老闆、新合夥人、新客戶、新供應商。不要說你不會這樣做,一旦有了污點,別人是不會相信你的。如果一個很出色的業務員跟我講:「毅冰,我想來你這邊工作。我手裡有好幾個老客戶,我也知道他們過去的成交價格,只要你給我五〇%的分紅,你什麼都不用管,我有把握把他們一個個拿下。」對於這種員工,我是絕對不敢用的。

從表面上看,這是好事情,他可以帶著老客戶來我公司,我可以跟他分賬,不用付出太多就有所收益。但是他今天可以撬走老東家的客戶，明天就有可能撬走我的客戶，帶著我的資源投奔其他公司。

用人，首重人品。能力一般不是大問題，可以慢慢地培養。可要是人品出了問題，就只能敬而遠之。

德才兼備固然最佳，可若是在「有德無才」和「無德有才」間衡量，我一定選擇前者。所有企業需要的都是踏踏實實工作的人，而不是一顆隨時會引爆的定時炸彈。

6

除前述情況，還有一種情況，就是兼職。此時該如何界定兼職的工作是否與任職公司的利益存在衝突呢？

如今流行斜槓青年，我在貿易公司上班，這是我的主業，但是沒有人可以干涉我去做一份兼職。這算不算違反職業操守呢？

其實回答這個問題同樣很簡單，就是衡量兼職跟主業會不會產生利益衝突。

譬如你主業做外貿，兼職也做外貿，但是產品不同，一個是傢俱，一個是工具，副業不會影響你白天的正常工作，也不會影響你在公司的表現，你對得起老闆給你的薪水，此時兼職自然是你的自由。

就如我自己，我在外企工作多年，但是我也利用我的私人時間寫我的外貿類書，這些書甚至一度成為暢銷書，但這其中副業跟主業並沒有利益衝突。

我從不反對朋友們成為「斜槓青年」，也不反對大家利用兼職時間賺一些外快。但是要謹記，副業千萬不可以跟主業產生利益衝突，也不能占用和浪費主業的工作時間，否則對於發給你薪水、為你每天八小時工作時間買單的老闆，是不公平的。

7

關於利益衝突的問題，我再補充一點：當我們碰到「也許有利益衝突」的情況，碰到「也許影響職業道德」的行為時，應當主動申報。

例如，最近你接到某一款工具的訂單。作為業務員，你選定了一個比較配合的供應商，決定下單。但是有一個特殊情況，這個工具工廠的主管是你大學同學，這種情況你需要向公司報備嗎？

我認為，按照商業道德，這是需要報備的，因為這或許會涉及利益收受。在同等條件下，同學工廠的價格實在，品質也不錯，因為有交情，供應商會更加配合，這是好事情。儘管你問心無愧，但按照規矩，這種情況還是需要報備的。哪怕你坦坦蕩蕩，也會有人認為，熟人之間下單，訂單出貨後，工廠私底下會支付給你暗佣。不管從哪個角度考慮，碰到這種可能存在潛在利益衝突的情況，都需要主動告知公司，由老闆或者高階主管來判斷是否繼續在這家工廠下單。

再如，客戶跟你交情不錯，對你印象特別好，來訪的時候專門為你準備了私人禮物，這種情況需要向公司彙報嗎？比如，客戶給你帶了一盒小餅乾，需要彙報嗎？

在很多五百大企業和跨國公司，對禮物的定義是「伴手禮」，如一盒餅乾、一包咖啡、一罐糖果，一盒巧克力，接受這些禮物自然沒問題。但若是客戶送你一部手機，你就需要告知老闆了。老闆讓你收下，你才可以自己留著，否則就要上交公司。

這裡有一個標竿。從經濟角度衡量，「伴手禮」的價值一般在五十美元以內。如果超過了，那麼按照職業操守，應當如實告知公司。

我們對於驗貨員的要求同樣如此。驗貨員不得接受供應商超過五十美元的禮物（當然，一盒茶葉、一包筍乾之類的土特產還是允許的），不得收取任何紅包，也不可以接受任何宴請，只允許接受簡單的工作餐（如普通簡餐，或者肯德基之類的快餐，但不可以飲酒，更不可以去五星級酒店或者高檔餐廳用餐）。否則，一旦證據確鑿，或者接到舉報，公司必嚴懲不貸。

8／

這一篇內容看起來有點沉重，很多朋友或許會覺得這樣就無法愉快地工作了，怕這個怕那個，多沒意思。

其實話不能這樣說，每個行業有每個行業的規矩，這些規定既包括明的通行準則，也包括日漸形成的心照不宣的規則。

時刻警惕和注意商業道德，並以此作為自己誠信和人品的標竿，假以時日，這些都會成為你在職場上立足的核心競爭力之一。**別想著走捷徑，賺快錢，「快」往往代表了「根基不穩」，代表了「問題很多」。**

我平時給外貿企業做培訓，告誡大家的第一課，也是最後一課，就是商業道德——人混跡職場一輩子的職業操守。大家必須堅持自己的底線，誠信正直，有立場，有原則，不該碰的東西堅決不碰，不該賺的錢堅決不賺，捨棄眼前的一丁點利益，未來才能走得更穩。

不要相信那些靠坑蒙拐騙、侵犯老東家利益、違反行業規則、不擇手段賺錢的所謂的「成功」經歷。社會在發展，人的思想在進步，這樣做的人註定會被邊緣化，被主流觀點所不齒。

《禮記．大學》有言：修身、齊家、治國、平天下。這其中，修身是一切的根本。這一點做不好，其他一切都無從談起。

做好自己，無愧於心，路才能越走越遠，越走越寬。

小成靠智，大成靠德。

大城市漂泊多年，該回老家嗎？

1

有個學員曾經給我留言，說她在深圳工作四年，沒有什麼成績，而且一個人在外特別想家，不知道留在深圳的意義是什麼。畢業後曾躊躇滿志，想去最前線的城市深圳打拚一番事業，可整整四年下來，自己還停留在蝸居的狀態。眼看著房價越來越高，自己的收入卻越來越難以企及。自己工作用心、肯拚，可每天下班回到出租屋，面對著四面牆，連個說話的人都沒有，倍感孤單。

久而久之，這個學員產生了厭倦心理，她開始渾渾噩噩地過日子，不知道未來的目標和方向是什麼。

家人總是在電話裡一次次勸她回老家，因為老家壓力小、物價低、房價低，而且家人都在身邊，平時可以先住在家裡，以後買大房子住也不難。

她看看以前的同學和閨蜜，一個個在老家過得不錯，都買了房、買了車、結了婚、生了孩子。小城市的生活壓力不大，週末可以出去玩，逢年過節還能去境外旅行，日子過得很逍遙。

對比自己的生活，哪是一個慘字了得！雖然月薪從一萬三千元漲到了三萬四千多元，每年還有幾萬到幾十萬的分紅，可自己在深圳什麼都不是，過日子還要精打細算，就連吃頓大餐都要猶豫很久。看著老家的朋友們吃喝玩樂、聚餐逛街，三天兩頭搞家庭旅行什麼的，朋友圈充斥著歲月靜好，她十分羨慕。

終於，在母親苦口婆心地念叨了幾年後，在某天因工作不順心而情緒糟糕的時候，這位學員下定決心要回家。收入低一點沒關係，她相信憑藉自己的努力，憑藉在深圳多年積累的能力，找工作肯定不難，過幾年還可以自己創業。

2

這本來也是一個不錯的結局。我原本以為，她接下來會過相對安逸的生活，有一份穩定的工作，建立自己的小家庭，有自己的孩子，人生軌跡會這樣延續下去。可是三年後，我再次收到了她的留言。

她說，如今的生活讓她更加痛苦和茫然，她下定決心再一次回到深圳，重新開始，為了夢想而拚搏。

這三年裡，她結了婚，在當地買了約五十五坪的房子，有一個愛她的老公，還有一個可愛的女兒，人生似乎變得圓滿。可唯一讓她難以接受的，就是事業總是不盡如人意。

剛回老家的時候，找工作異常困難。她原以為自己有在深圳工作的經驗，各方面能力都不錯，對當地的競爭對手應該是降維打擊[3]，找工作完全可以手到擒來。可結果是當地像樣的工作機會少之又少，從老闆到生意模式到思維方式，用她的話說，簡直落後了一個時代。深圳的短平快[4]接單、標準作業流程、高效打樣和開發，在老家都是不存在的。老家只有拖沓低效、雜亂無章。

最讓她難以忍受的是，她的部門經理不懂英文，所有客戶的郵件她都要先翻譯成中文，給經理看過，再把回覆的內容也翻譯成中文，給經理批示，然後才可以回覆客戶。而很多時候經理回覆郵件時會摻雜許多他的想法，讓我的這位學員一遍遍去改，改到經理滿意為止。經理擔心這位學員會欺負他不懂英文，還專門招聘了幾個員工做審查人員，動不動查閱不同業務員跟客戶往來的郵件，核對中英文是否吻合，是否按照經理的批示回覆客戶的。

這種僵化的官僚體系浪費了大量的時間，她覺得一天做不了多少事情，一直在不斷地做翻譯工作，產生的價值非常低，這種工作根本不是她所想要的。更何況，收入還不到她在深圳時的三分之一。

不到幾個月她就辭職了。

---

3 源自中國科幻作家劉慈欣的科幻小說《三體》。意指站在比他人更高次元的層次，用低次元世界無法想像的方法攻擊對方。

4 意指投資少、周期短、見效快的高效益模式。

3

後來她嘗試自己創業，做外貿公司。畢竟成本不高，幾十萬資金就可以啟動。可做了幾個月後她發現，老家附近的供應鏈不行，遠不如深圳那麼完善。許多行業和產品她都不熟悉，而熟悉的產品在當地幾乎沒有。

她也試著跨專業，做當地有競爭力的農具，可好不容易開發出的第一個客戶，竟被工廠偷偷給撬走了，她欲哭無淚。這期間，她完成了結婚這件人生大事，後來又發現自己懷孕了，不可能在外貿行業繼續打拚，於是她就草草地結束了創業，專心回家休養待產了。

等孩子出生後幾個月，她重返職場，選了一份幼教工作，希望時間寬裕一些，可以多照顧家庭。這份工作她做了一年左右，並沒有讓她不開心的地方，她也很喜歡跟小孩子打交道。除了上班就是回家，兩點一線的生活簡單而快樂。

只是她內心深處有各種不甘心，每每回想起自己當年在深圳拚搏的場景，她就會想，如果當時沒有回老家，結果會是怎樣。如果這幾年一直留在深圳，也許工作會上一個臺階，還會有自己的家庭和房子。

而對比如今的穩定工作，她覺得一眼就能看得到的將來平淡如水，好像這一輩子就是這樣了。想努力又沒有機會，想掙扎又看不到希望，甚至根本不知道該如何努力。

她跟老公商量後，兩個人決定，再次去深圳打拚。她可以重新回到外貿行業，她老公本身做的是質檢工作，去深圳也不難找工作。至於孩子，先留在老家讓父母幫忙帶著，等他們在深圳穩定下來後，再把孩子接過去。

她這個時候來問我，就是想參考一下我的意見。

4

我沒有正面回答她，而是發了東野圭吾的一句話給她：「其實所有糾結做選擇的人心裡早就有了答案，諮詢只是想得到內心所傾向的選擇。最終所謂的命運，還是自己一步步走出來的。」

我告訴她，當初回老家並沒有錯，否則她在深圳堅持著，心裡會一直猶豫，會一直糾結，會無數次設想回老家生活得更好的場景。這種自我懷疑會給她的人生設限，會令她一直在「可能選擇另一條路會更好」的想像中困擾著。

所以親身體驗一下，瞭解兩者的差異，看看自己能否適應、接受這些不同點，是否回得去，這都是必要的。

她嘗試了，體驗了，結果發現，老家的工作方式和生活習慣並不是她所能接受和認可的。她更喜歡快節奏的深圳，喜歡個人奮鬥。這一段回老家的經歷，反而讓她更加明確了自己究竟想要什麼，也讓她明確了以後的道路和方向。

她再次去深圳，能不能闖出一片天地，能不能紮下根來，能不能成為一個嶄新的勵志故事，我不知道。可我知道，兜兜轉轉這幾年，她終於找到了自己的目標，真切而自然。她不會再像過去那樣沉浸在迷霧中，容易被身邊的人帶節奏，也不會再因為一些挫折而陷入深深的自我懷疑中。

更何況她回老家這幾年也是有收穫的，她解決了人生大事，有了自己的小家庭，買了房，也有了可愛的孩子，所以這一切都是值得的。

至於當初留在深圳會不會更好，這是假設性問題，無法回答。可能更好，衝破艱難險阻，春風得意馬蹄疾，一日看盡長安花；也可能更糟，事事都不順遂，欲渡黃河冰塞川，將登太行雪滿山。

5

大城市漂泊多年，在漂泊的過程中，每個人心裡都會有些許懷疑，些許傷感，有一縷鄉愁揮之不去，這都是人之常情。

大城市壓力大，生活艱難，這是事實。可大城市有完善的產業鏈，有豐富的就業機會，有相對公平的競爭環境，這都是小城市所不具備的。

我也羨慕畢業後就回老家，在家鄉工作的同學。可別人畢業回家，可能工作早已安排好，房子也已買好，甚至連女朋友的工作都可以安排好，只等著結婚生子，過舒服日子就行。

可我什麼都沒有，如果回了小城市，各種機會少之又少，一旦發現不順和不如意，再想重新回到大城市就很難了，會涉及更多新的問題。比如，需要重新租房，需要搬家，需要從頭開始找工作，對於窮孩子而言，一切都會變得難上加難。

所以畢業後，我選擇直接留在大城市。好好鍛煉和積累，好好尋找機會，在職場上拚出一番成績，再自由選擇定位和規劃將來。這是我當初的想法，到今天都沒有改變。

「大城市承載不了肉體，小城市承載不了夢想。」這只是說說，真的猛士往往會迎難而上，拚出自己的前程。

我從上海到香港，再到海外工作，十幾年下來，沉澱了足夠的經驗和閱歷。這時候我有了足夠的資本和能力，可以選擇我要定居和工作的城市，如此就變得寫意而自然。這一刻我才發現，我不是被這個社會推著走，我可以選擇過我想過的日子，住我想住的地方。

6

如果你問我，畢業後究竟該留在大城市打拚還是去小城市工作？我無法回答你，因為每個人的情況不同，這個問題並沒有絕對的答案。

北上廣深是無數造夢者和追夢人心心念念的地方，他們希望藉此改變命運，希望從此逆襲翻盤。可大浪淘沙，真的能跨越階級、改變未來的必定是少數人。

所以你在選擇的時候，一定要想清楚，自己究竟想要什麼，自己能承擔什麼，以及理想和生活在你心裡孰輕孰重。

社會在發展，人口在流動，很多人離開小城市去大城市打拚，可能定居後再也回不到過去。也有很多人逃離北上廣深，減輕壓力負荷，尋求舒適和寧靜的生活。

我選擇了前者，或許你選擇了後者；又或許多年以後我會選擇後者，你又選了前者。該不該回老家，只有自己心裡明白，別人永遠無法理解你當下的感觸。

故鄉是什麼？是你心裡永遠的記憶，是讓你看遍人間煙火依然掛念的那個熟悉的角落。可當你離開故鄉的那一刻，故鄉已經變成了他鄉，而他鄉已然成了故鄉。

回得去嗎？有些人可以，但很多人已經回不去了。正如余光中筆下那驚豔時光的句子：前塵隔海，古屋不在。

理想與現實的隔海相望

1／

「親賢臣，遠小人，此先漢所以興隆也；親小人，遠賢臣，此後漢所以傾頹也。」這兩句話大家應該很熟悉，出自經典名著——諸葛亮的〈出師表〉。

兒時讀這篇文章，慷慨激昂，熱淚盈眶。諸葛亮在白帝城接受劉備托孤後兢兢業業，為蜀漢江山盡心盡力，還一直告誡阿斗，要親賢臣，遠小人，振興朝綱。此番情景，令人感慨。

長大後，讀過更多書，經歷過更多事，才逐漸體會到，很多事情僅僅是理想，只存在於我們的想像中，根本不存在完美的現實。

這裡面的一個問題就是「賢臣」「小人」該如何定義。何謂賢臣？何謂小人？

我們習慣用道德標準去評判，這顯然是錯誤的。每個人的立場不同，看待問題的角度自然就不一樣了。

諸葛亮六出祁山，姜維九伐中原，為建功立業殫精竭慮，是賢臣嗎？在文人墨客眼裡，諸葛亮、姜維等人匡扶漢室，北定中原，自然是忠臣、賢臣。大家自然而然地認為阻攔忠臣、掣肘賢臣的皇帝就是昏君；跟忠臣作對的臣工同僚，給賢臣找麻煩的大臣就是小人，是佞臣。

可是若反過來思考，相權張，則君權弱。若是將忠臣過於神化，那麼又置劉禪於何地？我們又該如何看待皇權？

三國後期，蜀漢的名臣良將相繼凋零後，蜀漢並沒有立刻進入內亂階段，進而投降亡國，反而在劉禪的領導下，繼續存在了很多年。如果劉禪真的是昏君，那麼這個結果就不成立了。劉禪的用人和管理能力，控盤能力和大局感，情商和智商，或許都比大家想像的要高明許多。

2

再看司馬懿，他是賢臣還是小人？從以曹魏政權為正統的角度看，司馬懿當然是一等一的賢臣。若沒有他，或許蜀漢北伐，中原易主真有可能。

但是在曹芳眼裡，司馬懿就是個徹頭徹尾的小人。因為司馬懿政變奪權，讓曹魏皇帝從此變成了傀儡和擺設。

我們再換一個角度，把視角繼續拓寬，放大到整個三國兩晉去看這個問題，司馬懿又是絕對的賢臣，因為有了他才有了司馬家族的繁衍昌盛，才有了建立門閥的基礎，才有了西晉的短暫統一。

一個人是賢臣還是小人難道可以變來變去？還是說，隨著我們視角的變化，看問題的角度不同才變得不同？

時光轉到東晉，永嘉南渡後，赫赫有名的桓溫算賢臣還是小人呢？他舉兵平定蜀地，消滅成漢，北伐前秦、前燕、姚羌，一次次挫敗慕容氏的南征，維護和保存了南渡江左的東晉政權，延緩了前秦南征，對東晉來說自然是賢臣。可後來桓溫的西進和北伐，對東晉朝廷來說，卻是炫耀兵威，威懾江東。桓溫到晚年還逼迫朝廷，要求加九錫，自然是不臣之心，是小人。

桓溫之子桓玄更是在亂世中反叛，揮軍東征，殺司馬道子和司馬元顯父子，逼晉安帝禪讓，終結了東晉朝廷，建桓楚政權並稱帝。

在司馬家族眼裡，桓玄不僅是小人，還是要被誅九族的叛賊。

我們不妨設想，如果桓玄在攻入建康後，迅速打垮劉裕的北府兵，乃至一統南方，結果會如何呢？史書上對他的定義就是開國皇帝，連桓溫的角色都會變得不同。

只是史書上所稱道的「正面角色」，最終由劉裕來完成，其改朝換代，是為宋武帝。那劉裕是賢臣還是小人呢？

如果在以東晉政權為正統的前提下來看，劉裕在謝玄和劉牢之手下的北府兵任職，從淝水之戰打到建功立業，自然是賢臣。而後他聲威日盛，掌握兵權、政權，成為東晉最大的軍閥，坐視桓玄滅東晉後才舉兵，且沒有復辟司馬政權，而是自己坐上了龍椅。從司馬家族的角度看，劉裕就是小人。

我們只需要把大前提換一換，思考的方向和得出的結論，就會變得完全不同。由此可見，是賢臣還是小人，一定要在具體前提下才有討論的意義，否則根本就不存在所謂的賢臣和小人。

3

南宋紹興年間的岳飛是大忠臣，是賢臣，是千古名臣，這是我們站在百姓的立場，以後世的眼光看的。可在當時呢？趙構從開封逃出後，在商丘稱帝，然後一路南逃至揚州、鎮江、杭州、紹興、寧波、舟山、溫州，直到金兵撤離江南，趙構才勉強回到杭州並定都。

那時候的趙構倉皇度日，內心十分恐懼，時不時擔心自己被金兵抓走。那時他唯一渴求的是保住性命，是不被金兵追著跑，過幾天安生日子。他任命的岳飛、韓世忠、張俊、吳玠都是主戰派將領，這些人能征善戰、功勳卓著。可一旦形勢穩定，趙構在意的或許更多的是皇權的安穩。如果岳飛真的北伐成功，迎回徽欽二帝，那麼置趙構於何地？他是退位呢還是不退位？

而岳飛此人又實在太猛，文韜武略樣樣在行。事實上，岳飛已經是南宋朝廷的頭號軍閥，皇帝豈能不忌憚？更麻煩的是，岳飛深得人心、人品卓越，又沒什麼污點，不管是大臣還是民間百姓，都把他當成中興宋室的希望，這讓皇帝如何安心？

皇帝並不怕貪官，也不怕汙吏，因為這些人都是大家眼裡的「小人」，皇帝用他們的時候隨便用，不想用了找個藉口除掉便是。但是「賢臣」就有點麻煩，要除掉賢臣，不是隨便找個藉口就可以的，否則沒法堵住悠悠眾口，皇帝自己的形象也會因此而受損，甚至在史書上留下「昏君」的罵名。

能力強、人品好、沒弱點、又能打的賢臣，也就是岳飛，讓皇帝趙構怎麼處理才好呢？若是岳飛效仿當年的趙匡胤，來個黃袍加身，不就麻煩了？哪怕岳飛沒有任何不臣之心，也擋不住那幫手下對於「從龍之功」的巨大渴望。一旦岳飛北伐成功，重新拿下汴京，誰敢保證不會再來一次「陳橋兵變」？到那時候岳飛或許會被一大群將領裹挾著上位，不反都不行了。

這就是趙構情願重用秦檜，用一場噁心世人的風波獄，情願讓天下人唾罵，都必須除掉岳飛的原因。

至於秦檜，他只是個替罪羊。若是皇帝不同意，他能擅自做主，除掉手握重兵的岳飛，幹掉朝廷的中流砥柱？他辦不到。真實的情況或許是一個人動腦子，一個人動手，兩個人演雙簧戲罷了。

從趙構的角度出發，他難道不知道岳飛的忠心？不知道岳飛對於朝廷的重要性？不知道他是賢臣？當然知道，但是沒辦法，**太優秀的賢臣在皇帝眼裡，比無恥奸詐的小人更加可怕**。

4

歷史上過於優秀的人往往結局都不是太好。

真正的帝王之術，是既要用賢臣，也要用小人，兩者平衡，才能維持皇權的穩定。小人對於朝廷有巨大的破壞力，但是賢臣若是出點問題，這個破壞力會更大。小人最多是殘害忠良，賢臣或許能改朝換代。

皇帝不能讓門閥勢力過大，也不能讓官員結黨，就必須用一些小人，讓賢臣轉移注意力，讓賢臣一心一意跟小人去爭、去鬥，這樣才能讓皇權置身事外，保持地位的穩固。

武則天用周興、來俊臣，趙構用秦檜，朱元璋用胡惟庸，朱厚熜用嚴嵩、嚴世蕃，乾隆用和珅，慈禧用慶親王奕劻，本質上都是一樣的策略和手法，就是「不讓賢臣的實力過大」，簡在帝心，一切在皇帝的掌握之中。

賢臣有賢臣的用處；小人有小人的作用。關鍵在於，用人者，如何發揮其彼此的長處，又讓彼此相互牽制。動態的平衡才是賢臣與小人相愛相殺的理想結局。

不可靠的生意夥伴要趁早遠離

在朋友圈裡看到一位做戰略諮詢的大佬痛斥某位客戶不可靠，套取了他的策劃案後就開始玩消失。更可惡的是，這位客戶還堂而皇之地把策劃案的初稿在自己的朋友圈曬了出來，在吹噓的過程中覺得占到了便宜。

這件事情在小範圍內引起了一場軒然大波。有朋友覺得，畢竟雙方沒有最終合作，這只是前期的意向方案，客戶沒有將策劃案用作商業用途，而僅僅是給大家欣賞策劃思路，這無可非議，不需要上綱上線去批評。

也有朋友認為，這種做法非常不妥，畢竟這是別人用心、用經驗、用時間做的策劃案，這位客戶可以不選這份策劃案，也可以不與對方合作，但是沒有經過原創者允許，不應該透過網路或者社交軟體傳播策劃案，哪怕是初稿。不管出於何種目的，這樣做都是對別人工作的不尊重。

1／再好的方案也會受主觀意識影響

設計方案、策劃等偏主觀判斷和個人審美的產品，其好壞本來就不具備統一的標準性，往往是供應方跟客戶做簡單的探討後，做兩套甚至更多套方案，然後從中選取符合客戶心意的那套，再一步步修改，從而不斷完善。

我前陣子做過一次公開課，我用Keynote做的課程簡報，自我感覺非常好，從製作平面圖到動態圖，從字體到邏輯，我都覺得是我這幾年來最滿意的一個課程簡報。可甲方的高層指出，我課程簡報裡用的字體不夠美觀，要求我全部改用Verdana字體，這樣會更加協調和整潔。

天知道Verdana這款字體，在我的方案裡一般是被打入「冷宮」的，我覺得它醜爆了。而我這五十頁的課程簡報中涉及十七種英文字體，不僅我自己覺得十分協調，不少專業的平面設計師也覺得毫無違和感。這份課程簡報可以算得上我現有課程簡報中的巔峰水準。

可我覺得好，不代表甲方一定能看中，大家的審美是有差異的，理解和衡量標準也不同。因為這是相對主觀的事情，沒有絕對的評判標準，不是一加一等於二那麼簡單。

就好比對於一件衣服的感覺，有的人覺得眼前一亮，有的人覺得平淡無奇，還有的人會覺得醜出天際，這都是合理的。

2／不能勉強別人認同你的價值觀

職場上一定有很多人無法認同你的價值觀，甚至跟你的想法完全相反，這都是很常見的。

比如說，你認為要恪守商業道德，不可以做權力「尋租」[5]的事情。但或許在別人眼裡，你就是個傻子，權力不用，過期作廢。

比如說，你從公司離職，你特別看重職業操守，不去損害前公司的利益。但或許在別人眼裡，你要做聖人，那就別做生意。

比如說，你認為朋友之間貴在交心，能伸出援手就絕不猶豫。但或許在別人眼裡，你這是自找麻煩，沒利益的事情做它幹嘛。

因為原生家庭不同，成長經歷不同，教育背景不同，塑造出的每個人一定是不一樣的，你沒有辦法讓所有人都認同你，這根本無法勉強。哪怕你用了很多心思去舉例，去苦口婆心地規勸，別人也無法感同身受，倒不如省點力氣，把更多的時間用在自己身上，做好自己的事情。**別想著去改變別人，因為這幾乎是不可能的任務。**

3／定位自己，也定位別人

我們常提到的「定位」一詞，並不僅僅用在產品和行業上，有時也可以用在不同的人身上，包括我們自己。而定位的原則總結起來就是四個字：**求同存異**。

志同道合的人，才是好的合作夥伴，大家有同樣的思維、理念和道德規範。而差異很大的人之間，就需要尋求相同的點，找到合作的可能性。

5 指運用權力進行管制或壟斷，來獲取經濟效益。

我們會因為生意夥伴的不可靠而憤怒，但這時候最重要的不是發洩情緒，而是及時止損，儘早跟不可靠的人中斷生意往來，甚至是私人往來。

生意上的事情，該怎麼處理就怎麼處理。我們的時間很寶貴，透過定位原則，已經把對方排除在合作夥伴之外，就沒必要浪費時間糾結了。

4／尊重別人才能得到別人的尊重

別人的勞動成果不管是否有價值，我們都應當給予足夠的尊重。

我曾經面試過一個工業設計師，我要求他出一個方案，為我自己的品牌設計一款記事本。當時我隨口說了一句，方案如果能被採用，我會支付相應的報酬。

這位先生表示了很大的興趣，當晚就給我發了一個檔，牛仔布的封面設計，加上了我的品牌Logo。我看了後覺得十分普通，並沒有什麼創意和特別吸引我的地方。第二天見面時，我們繼續聊了這個專案和他的工作情況，我覺得他的能力和眼界很有局限，不具備作為我需要的工業設計師的能力。

晚上我打電話回絕他的時候，他提出，他已付出了心血，希望我可以支付給他報酬。我問他要多少。他說工業設計項目的報價在幾萬到十幾萬人民幣，最後又說這個項目比較簡單，用的時間也不多，他以個人名義接活，收費沒有企業那麼高，再給我打個折，收我六千人民幣。

我被此人的無恥給驚到了，或許他覺得我沒見過世面。因為只是一張平面記事本的圖片，網上素材庫就有，然後用軟體把Logo合成到圖上就好，應該用不了十分鐘時間，六千人民幣的價格確實是高得離譜。

不過我也沒說什麼，我尊重和感謝他的工作。我表達了我的意思，他各方面能力都不錯，只是我們是小公司，有各種不穩定的情況，所以他並不太合適。至於他的方案，我不會用作商業用途，不用給我原稿，而且他只給了我參考的jpg格式的圖片，我就一次性支付三千人民幣。他表示同意。

5／爭一口氣，不妨選擇遠離

後來我跟杭州設計界一位大佬吃飯，他是大學教授，也是學科帶頭人，負責的都是知名企業和政府的大專案。說起上述事情，這位大佬果斷地說，我被坑了，這是一分鐘都不用的事情，網上找張圖，加個Logo就行，憑什麼要給他三千人民幣？而且這是面試的考題，根本不用給錢，他也沒有給原始檔案，方案沒有進入任何商業環節。

沒錯。在我看來，這個人水準一般，人品也不可靠，我根本不可能用他。既然如此，遠離才是最好的選擇。

在報酬上糾結有意義嗎？或許我據理力爭一下，能省幾千元錢。但是對我而言，這沒什麼差別。不如用這三千人民幣一次性了結這件事情。雙方也知道，彼此之間不會再有什麼聯繫，不會再有交集。

我不能用我的觀點去要求別人也這樣做生意。也許有人會認同我，有人會說我傻，這都沒問題。每個人都有自己堅持的東西，都有為人處事的方式和手段，都有和這個世界對話的方式。在我看來，我的時間寶貴，我不想浪費在細枝末節上。**合適，就談下去；不妥，就停下來。**

再說回本篇開頭時那位大佬，被別人剽竊勞動成果的痛心疾首，我自然感同身受，就好比我寫的文章被很多人堂而皇之地抄襲，被用來獲取名利，我同樣無比反感。但這並不代表我要據理力爭，因為**有的時候爭根本爭不出結果，反而滿足了別人挑起爭議話題的目的。**

「白首相知猶按劍，朱門先達笑彈冠。」王維的〈酌酒與裴迪〉已經寫得很清楚了，無須贅言。生意就是生意，生意場也是名利場，利益不衝突的時候才有朋友。

商場上的善良要有邊界

1

寫這個話題的時候，其實我的本意是，商場上要懂得區分公事和私事。公事，就要完全從公司的利益出發，做的事情不可以影響或者損害公司利益。不但不能影響短期利益，也不能影響長期利益，這是前提。

私事，邊界可以寬泛。生意夥伴在生意之外需要你幫忙，如果是舉手之勞，或者自己有信心辦到，那麼不妨伸出援手，只要不影響工作就好。

在你決定幫生意夥伴做事情前，先好好想想，這是公事還是私事。第一步想明白了，再進一步判斷，自己應該做多少，做到什麼程度。是淺嘗輒止還是全力以赴，二者是截然不同的。

疫情之下，客戶要你幫忙在中國採購口罩和護目鏡等產品，這是正經生意，屬於公事。這就要按照做外貿的規矩來，從報價到付款方式，從跟單到出貨，一板一眼，賺取該賺的利潤，這無可指摘。

若是客戶沒有正式下單的意願，只是希望你幫忙買口罩等，因為當地很難買到，然後讓你快遞給他，他和家人自用，這就屬於私事。哪怕送客戶一些，快遞幾箱過去也沒什麼問題，不需要過於計較，因為這只是在自己力所能及的範圍內提供些許幫助而已。

在某種程度上，生意場上的私事往往跟公事有著千絲萬縷的聯繫。比如，我們幫客戶處理一些私人的事情，其實目的是讓公事可以進行得更加順利。只是在處理私事方面，需要特別注意邊界，並不是所有的事情都值得你全力以赴。我們需要誠信，可以慷慨，可以善良，但不能忽視邊界的存在。

2

朋友小葉前陣子就碰到了麻煩事。她的一個老客戶採購汽車清洗機，一直分兩家下單，小葉大概拿到三〇%的訂單，另外一個同行拿走客戶七〇%的訂單，這兩三年相安無事。

只是最近一次訂單，小葉那位同行的貨出了品質問題，因為更換了配件供應商，或許還有一點偷工減料的原因，這位同行提供的產品在德國出現了自燃的情況。客戶嚇壞了，隨即全面召回這一款產品，結果損失慘重。

客戶跟工廠的索賠談判非常不順利，工廠不願意賠償，還附加了一大堆遠期分批扣款的方案，毫無誠意。客戶非常地惱火，想取消後面的合作，只是工廠壓著客戶十二萬美元的定金不給，很難談。

於是客戶找到小葉，希望她幫忙跟同行的工廠談談，看看如何把定金要回來。客戶保證，只要小葉幫他要回定金，未來的大部分清洗機訂單都會給她，而且保證她今年的訂單量翻倍。

小葉很熱心，打電話跟工廠溝通，找熟人牽線跟工廠老闆協商，但事情毫無進展。根據合約規定，客戶取消訂單，供應商無須退回定金，這也是國際慣例。也就是說，客戶想要回錢，除了走法律途徑，幾乎沒有更好的辦法。

小葉覺得，受人之託，忠人之事，這是基本的原則。她決定盡最大努力，幫客戶要回定金。而且她認為這是客戶對她加深信任的一個契機，這件事情辦漂亮了，未來肯定好處多多。於是小葉讓我為她出謀劃策，看看究竟該怎麼做。比如，先禮後兵，軟硬兼施，主動放低姿態，爭取協商解決，甚至退一部分款項都行，盡可能幫客戶減少損失。如果實在談不下去，大不了跟工廠攤牌，提出報警，甚至走法律途徑。

小葉甚至想過，如果同行這邊真的無法退款，大不了她承擔一部分，錢款從她接下來的訂單裡扣除，這樣也許能讓客戶感受到她的誠意，對將來長期合作有利。

3

聽到這裡，我長歎一口氣。小葉對客戶的情況完全不瞭解，她用自己的觀點設置了一個框架，然後硬套在別人身上，顯然是要吃大虧的。

我給她分析，若按照她的思路執行，結果一定不盡如人意，甚至會出現很糟糕的情況。至少她的做法是弊大於利的。

如果同行的工廠很難溝通，油鹽不進，就是不退款，即使客戶取消訂單，同行的工廠也表示悉聽尊便，這種情況下，小葉主動幫助客戶分擔損失，客戶會怎麼想？客戶或許會表達感謝，但一回頭就會發現，這麼大的一筆錢她都能自己承擔，可想而知，她從訂單裡賺了多少錢。哪怕接下來會繼續合作，客戶也會覺得小葉利潤高，以後或許會對她進行無數次砍價。這樣一來，小葉費心費力還費錢，或許還不如過去的合作順暢。

小葉做這件事情是不能越過邊界的。同行講不講道理，這是別人的事情，她控制不了。客戶要求幫忙，她盡力而為即可，但無須全力以赴，原因如下。

第一，同行工廠不退客戶定金，客戶損失慘重。這樣一來，客戶跟同行繼續合作的可能性會很小，因為關係徹底破裂，哪怕沒有對簿公堂，估計以後的生意也不會有下文。這對小葉而言，是件好事。

第二，如果工廠退了定金，客戶減少了損失，那麼這件事對小葉而言有多大幫助呢？其實很少。當下客戶會很開心，會承諾訂單都給小葉，但**生意場上最沒有價值的就是承諾**。哪怕訂單確實給了小葉，後面若客戶發現有更好的供應商，產品更好，價格更好，客戶照樣會轉單。

這樣一分析，不管同行能不能退定金，都不會影響客戶跟小葉的合作關係，甚至客戶若跟同行鬧翻，小葉能承接一部分訂單也未可知。既然如此，那讓客戶在同行那裡吃點虧，反過來客戶會發現小葉是可靠的供應商，這樣豈不是更好？

4／

商場上，大家都是競爭關係，即使不用陰謀，不落井下石，我們也要果斷抓住機會，為自己打算一下。或者再「厚黑」一點，我巴不得除了我以外，客戶碰到的其他供應商都不怎麼可靠，這樣才能凸顯我的與眾不同，才能展現我的專業和服務。

回到正題，如果我是小葉，處在小葉的立場，我一定會滿口答應，盡力而為，會給同行寫郵件，說清楚這件事情，請對方安排退款。郵件內容我會寫得很恭敬，有一說一，不代入任何情緒，也不會幸災樂禍。並且我會將郵件密送給客戶。

如果同行不回覆，或者表達了拒絕的意思，我會跟進一封措辭相對嚴厲的郵件，表明客戶的態度，希望他們支持和理解，並且希望同行配合客戶取消訂單。這封郵件我會繼續密送給客戶。不管同行最終回覆還是不回覆，這已經不重要了。在這期間我還會跟同行通話，簡單溝通一下並表明我的態度，但是言辭不會過於激烈，也無須激怒同行。因為這不是我的事情，我只會按部就班，適當協助，但不會全力以赴。

這三個步驟完成後，我會總結一下跟同行的接觸，給客戶寫一個詳細的報告，把真實情況說清楚，不需要添油加醋，也不用攻擊同行。這樣一來，就等於告訴客戶：你看，我把該做的都做了，我盡力了，但是對方毫不讓步，我也完全沒有辦法，只能靠你自己處理了。

可以善良，但是需要注意邊界，需要時刻留意，拚盡全力會不會讓客戶解套，會不會反而把自己陷進去，影響遠期利益。**有時候，不完美的處理結果才是可進可退的堡壘。**

Chapter 2

大城市打拚多年了，該走嗎？

而今才道當時錯

納蘭性德〈採桑子・而今才道當時錯〉

1／你輸在擁有太多，而不是一無所有

企業的發展一般都有這樣一個規律：許多企業在初創階段，往往充滿活力，但當企業發展逐步穩定後，卻慢慢變得僵化，傾向於維護既得利益和現有優勢，這時企業儘管能繼續發展，但是失去了亮點，逐漸在競爭中變得平庸，並且非常有可能在下一波行業變革時，被後來者趕超甚至淘汰。

這其中一個很大的原因就是企業抱殘守缺，不捨得放棄手中的利益，做事總是瞻前顧後，導致逐步失去機會。

第二次工業革命為什麼沒有最早發生在英國，而是讓德國等國家後來居上了？

因為英國那時候是既得利益者，有遍佈全球的殖民地給他們輸血，英國人賺得盆滿缽滿，缺少創新和技術革命的動力，甚至用各種貿易保護政策支持本土的落後產業。而德國不同，德國希望挑戰舊秩序，希望自己進入一線強國之列，他們有充分的動力創新和發展新技術，提高生產力。

「二戰」後，儘管英國是戰勝國，但其工業凋敝，經濟瀕臨崩潰，殖民地分崩離析，英鎊的地位逐漸被美元所取代。這期間大量的人才離開歐洲，去了環境相對寬容的美國，推動了第三次工業革命在美國的發生，使美國逐漸發展為超級強國。

我想說的其實跟戰爭無關，是既得利益者。**既得利益者很難自我革命，放棄現有的利益，去追尋一個更廣闊的未來。**

2／

大家都知道諾基亞，它曾經打敗了摩托羅拉和眾手機品牌，拔劍四顧無對手。諾基亞決定壟斷全球手機市場的時候，市場卻悄然變化。

智慧型手機迅速崛起，賈伯斯重新定義了手機，蘋果引領了智慧型手機領域的革命，迅速占領市場，三星、LG等品牌迅速跟進，分化成iOS和Android兩大陣營，將諾基亞這個龐然大物打得措手不及。

這時候諾基亞有應對策略嗎？其實是有的。如果它能當機立斷，選擇Android陣營，以諾基亞的市場地位和資金實力，完全可以碾壓大部分的手機品牌，甚至扼殺處於萌芽階段的蘋果手機也未可知。

是諾基亞的研發部門出了問題，還是諾基亞對於全球科技發展的方向把握有偏差？都不是。後來的資料證明，諾基亞在很多年前已預測到智慧型手機一定會蓬勃發展。可諾基亞的問題是不捨得基礎功能手機的龐大出貨量，不捨得放棄2G時代的Symbian系統，瞻前顧後，不願意自我革命去擁抱技術革新，從而錯失了寶貴的時機，直到無法翻盤。

3／

蘋果成為智慧型手機行業的引領者，占據了這個市場的絕對優勢和利潤。也正因如此，跟當年的英國一樣，蘋果逐漸喪失了積極進取的雄心，反而透過對同行的限制和壓制，來維護自身的壟斷地位，繼續收割利潤。

所以蘋果接下來的策略表現出兩個問題。

第一，跟各路同行打官司，設置無數的專利和技術壁壘，限制和打壓同行。

第二，走奢侈品化路線，維持高利潤，滿足投資人和股東的需要。

第一個問題讓蘋果成為眾矢之的，也讓其持續的創新變得緩慢而薄弱。自我封閉，自我設限，哪怕維持了利潤，最終卻失去了情懷、品味和未來的增長潛力。

第二個問題是抱殘守缺，不捨得放棄高利潤，導致蘋果在這條路上越走越偏，從而留出了大片的空白市場，華為、OPPO、vivo、小米等中國品牌趁勢崛起。等蘋果發現問題，想重新回歸這塊市場已經回不去了。失去的市場又怎可能輕易奪回？

4／

再說中國移動。原先中國移動一直把聯通和電信當成競爭對手，可結果呢？打敗移動的不是其他電信運營商，而是微信。

還是同樣的問題，移動沒有發現這個問題嗎？不是的，其實移動很早就推出了類似微信的產品，叫飛信。如果深入發展下去，憑藉移動的用戶數量，或許後來就沒有騰訊什麼事了。可移動為什麼沒有做下去呢？還是因為自身的利益衝突，不捨得動短信業務這塊蛋糕。**不捨得自我革命，就為後來者留出了彎道超車的機會**。

在騰訊內部，微信的發展也不是一帆風順的。發展微信業務，就意味著革自己的命，因為騰訊那時候的用戶主要來自QQ，所以當時很多高階主管反對。如果微信發展起來了，那麼置QQ和移動QQ於何地？

面對困難和壓力，馬化騰全力支持張小龍團隊，拋開一切雜念做好微信，才有了今天這款壟斷中國社交領域的劃時代產品，微信也成為騰訊內部最有價值的資產之一。

假設馬化騰當初不捨得QQ這塊的利益，不願意自我革命，那麼微信這個產品很可能會在新的初創企業裡誕生，從而改變網際網路巨頭的格局，使江湖地位重新排序。

5

人類歷史的演變，無不是不斷變革所帶來的進步。**要麼主動改變，要麼被別人改變**，這就是現實。

大航海時代，英國終結了西班牙的優勢地位，成為新霸主。「二戰」後，美國改變了歐洲領導世界的格局，後來者居上。現在呢？美國不捨得放棄既有利益，卯足了力氣，全方位限制和打壓中國這個後來者，這就說明了美國不願意自我革命，註定在不久的將來被中國超越。

大到國家，中到企業，小到個人，**最大的競爭對手就是自己，是自己的既得利益**。

我前幾天還跟朋友聊起，現在許多「富二代」繼承了家業，擁有龐大的企業、厚重的資產、撲克牌一樣的房產證、大量的現金，看似強大，可他們最大的問題就是不知如何自我革命、如何再創業。守業不是那麼容易的，只想維護既得利益，完成收租模式，坐享其成，這跟曾經的諾基亞有什麼差別？

自己的認知不夠，閱歷不夠，在後來者面前，只能是別人鐮刀下的韭菜。

階級固化在如今的時代只是個假議題，社會在變化，階級在流動，許多人會以你看不懂的形式脫穎而出，打得你措手不及。

現在的豪門，或許明天就會被年輕人擊垮，淪為平庸的大多數。

現在的窮小子，或許一轉眼就踩在豪門的「屍體」上，成為新貴族。

如今正是波瀾壯闊的大時代。

過度努力也是一種病

1／

努力有錯嗎？當然沒錯。知道自己的目標和追求，在學習和執行的過程中全力以赴，這是好事情，必須給予褒獎！

但過猶不及。任何事情都要有個「度」，哪怕用到「努力」上，也同樣適用。

我認識一位很優秀的女生，工作很努力，一畢業就去了大城市廣州，不到兩年時間，已經是公司的銷售冠軍，在基層員工裡，她的收入可以進前三。如今公司還準備提升她做業務經理，讓她培養新人和帶領團隊。

在外人眼裡，她絕對是勵志的楷模。大學時候專業不太好，她買了教材自學英文，並通過自考[1]拿到了滿意的成績。

畢業後她想做外貿，但在廣州人生地不熟，又因為專業與工作領域無關屢被拒絕。她不斷跟師

1 中國「高等教育自學考試」的簡稱。是供自學者報考的學歷考試，乃結合個人自學、社會助學和國家考試的一種高等教育制度。

兄師姐取經，從網上學了大量的知識，買了好多書狂「啃」。她一次次給自己爭取機會，除了簡歷外，還手寫了聲情並茂的求職信，直到連面試官都被感動了，給了她機會。

她覺得自己拍照水準不夠，樣品拍出來總是土得掉渣，於是報了攝影課程，專門鑽研如何把照片拍得高級、大氣、有品味。

她覺得自己郵件寫得不夠好，於是買了我的《十天搞定外貿函電》一書，還連買兩本，一本放在公司當案頭書，一本放在家裡隨時學習。她能用心到把每封郵件都默寫下來，然後拆解句型，做成拼圖一樣的筆記，可以隨時拿來就用。

她覺得自己工作效率不高，於是強行養成記筆記的習慣。每天一上班就把工作劃分好，按照優先順序分類四象限，然後逐條處理。

她發現別人都在打卡健身，她也不甘落後，每天堅持跑三公里，風雨無阻，哪怕再累再辛苦，哪怕沒有力氣，也要硬撐著走完。

她看到同事在學習外貿課程，於是她也下決心提升自己，從報一門課開始，到買下我們全系列的課程，拚命看，拚命學，還要跟朋友交流。

其實她已經做得很好了，但她還是給我留言，一次次強調她的焦慮和恐懼。她覺得身邊的人都太厲害了，她自己太笨，怎麼做自己都不滿意，怎麼努力都感覺落在後面。她已經把所有時間都用來工作、學習、健身，已經不斷壓縮睡眠時間，休閒和娛樂時間完全沒有。

她發現好多外貿人都好厲害，有些人一年可以做幾百萬美元的訂單，有些人甚至可以有上億元的業績，這對她來說太遙遠了，完全是高不可攀的。她很焦慮，很無助，越努力越自我懷疑，大把大把地掉頭髮，實在撐不住了才給我留言，希望我告訴她，究竟該怎麼做才能不那麼絕望。

2／

她的情況其實是很多努力上進的人的通病，就是太努力了，對自己的要求太高了。他們一開始就把目光瞄準了那些遠高於自己的人，而忽略了長期的積累和時間複利，短時間內成績沒有突飛猛進，就開始反覆自我懷疑。

這個女生就像一根繃得很緊的繩子，不允許自己有一絲一毫的鬆懈，她擔心自己稍微放鬆一下，跟別人的差距就會越拉越大。她越是給自己不斷設置目標，就越是焦慮。每次取得一點成績，她就會跟別人更大的成績比較，反而襯托了自己的渺小。

我問她：「如今你收入怎麼樣？」

她說：「馬馬虎虎吧，年收入剛過一百萬元，今年還有一點增長空間。」工作還不到兩年，這個收入已經算不錯了。我還沒來得及誇獎她，她便補充道：「但這在廣州算不了什麼，太多人年入幾百萬元、幾千萬元甚至更高，我還差得很遠很遠。而且房子這麼貴，我這樣的收入如何在廣州定居呢？」

看，這就是**與過度努力相伴的過高目標**。她其實做得很好，她很努力、很上進，工作也挺出色，已經超過了許多同齡人。她之所以絕望，是因為她用自己兩年的工作經歷，去跟成功人士的十幾年、二十幾年相比較。

別人年入幾百萬，別人每年數百萬美元的訂單，都是職業生涯中長期積累所得到的，別人不是第一天就有這樣的能力，也不是工作一兩年就達到這個位置的，我們不應該用極個別的案例，去懷疑自己的工作和價值。

我問她：「畢業前夕你對自己兩年後的規劃是什麼？」

她脫口而出：「在外貿行業積累和學習，可以月入過四萬。」

我說：「這不就對了，其實你已經遠超過你當初的目標，不是嗎？你現在可以穩定地進入下一個階段了。這就是你的職業生涯，你速度已經很快了。」

她沉默了。

我繼續補充道：「我剛入行的時候，上司跟我講過一番話，我到今天還記得。他說，**一個行業裡的成功人士，其實大多數不是最有才華或者最努力的**。最有才華的人往往認為自己本來就是天才，目空一切，不願踏踏實實工作，很難沉澱下來把事情做好；最努力的人往往對自己要求太高，不斷鞭策自己，結果只是埋頭苦幹和自我懷疑，但沒有真正理解自己的價值。」

3／

努力是對的，但過度努力，什麼都要學，什麼都要做，不斷給自己施加壓力，用別人的成就反覆懷疑自己，這種困擾會嚴重影響我們長期的工作積累。

我不知道前文中提到的女生能否聽得進去，很多年前的我也是彷徨失措、自我懷疑，在面對遠勝自己的人時充滿自卑和失落。

那又如何呢？飯要一口一口吃，路要一步一步走。我總是不斷告訴自己，我不聰明，不要緊，我可以接受慢慢走，慢慢學習，慢慢賺錢，不求快，但求穩。

達不到年入五百萬元的時候，我先做到年入百萬元。年入百萬元都遙遠的時候，先完成年入四十萬元的小目標。不要想太多，也不要總是看著大人物「手可摘星辰」，我們摘顆小葡萄也是可以的。

人生漫長，來日方長。既然已經很努力了，就多堅持一段時間吧，多一些樂觀和平常心，美好的東西終究是值得等待的。

固執背後是認知的不足

1／

你也許經常會碰到這樣的情況：你跟人打交道時，為了讓對方少走彎路，會從自己的經驗出發，根據自己過去試錯的案例，提出建議和方案。

但可惜的是，很多人並不領情。他們不僅沒辦法完全理解你要表達的內容，還會用無數個「但是」來否定你，會有千百個理由來反駁你，表現得異常固執。

譬如，你告訴她，學歷在某種程度上挺重要的，這是人進入職場，挑選和被人挑選的敲門磚。對方會認為，名校畢業又如何，還不是給人打工？家庭的背景，自身的運氣，甚至嫁個好老公，才是翻轉命運的鑰匙。而且很多老闆都是「草根」起家，高學歷並沒有說服力。

再如，你跟他講，在職場上要沉住氣，好好積累，不要一言不合就拍桌，二言不和就辭職。他會認為這個老闆無能，那個主管不知所謂，在就職的單位根本學不到東西。

又如，你對他說，工作的成長性是需要優先考慮的，有些工作起薪不高，但是未來有無限發展的可能性。

他會認為，好的公司、好的老闆怎麼可能介意那一點點工資？不能給我令我滿意的薪水，別跟我談以後。

碰到類似情況，一開始我也很無力、很無奈。我已經算是苦口婆心，甚至翻來覆去解釋和分析，為什麼對方就是無法理解？

是我的表達能力有問題，還是分析的案例說服力不夠？

我接觸的這一類朋友越多，我越意識到，這不是我的問題，也不是他們的問題，我們大家都沒錯。對方之所以聽不進去我說的，是因為彼此的經歷不同，導致大家的認知水準存在差異。究其根本，其實是思維方式所決定的。

2

朋友小雅給我留言，講述了她經歷的一個職場故事。

小雅上大學的時候，跟其中一個室友是閨蜜，二人幾乎形影不離。只是畢業後，小雅留在廈門工作，而室友回了老家。兩個人多年沒聯繫，但都在外貿行業拚搏。

有一次國慶日，二人在廈門相聚，聊起往事，感慨多年不見，彼此境遇不同，變化都很大。室友這些年混得不是很如意，她歸因於自己運氣不好，沒什麼好的機會，怎麼努力都出不了頭，工作快十年了，月薪僅僅提升到了一萬八千元。而小雅如今已經是一家工廠外貿部門的負責人，年薪超過了三百萬元。

室友一直在抱怨，這麼多年下來，都沒碰到好客戶，一直有一單沒一單的，積累不了像樣的客戶。公司的業績壓力又很大，很難拿到分紅，大多數時候都靠底薪過日子。

就在吃飯的時候，室友的手機響了，客戶來電，要她更新報價單。她回覆說，假期結束後回到公司會立刻做。

小雅隨口問道，是不是產品比較複雜，報價單需要節後回到公司才能做？室友說，當然不是，其實隨時可以做，只是不能慣客戶這個毛病，動不動就在假期打擾我們，我們也要有自己的時間。

小雅很不解，做銷售的，一旦客戶上門，肯定要第一時間服務客戶，怎麼能把機會往外推？更何況室友如今的收入不高，正是缺錢的時候，這個態度怎麼行？公私分明是對的，但也不可以絕對化。自己的核心價值和優質客戶，都是靠時間和誠意積累起來的。

室友不以為然，認為好的客戶、好的老闆、好的公司都是憑人品、靠運氣碰上的。運氣不好，就只能屈服於現實，只能忍著，然後等待好的機會到來。

小雅給我寫下這段故事的時候，感慨道，她如今已經快不認識室友了。她們後來聊了很多工作上的事情，每當小雅有什麼建議的時候，室友都能找到反駁的話，還會用上諷刺加酸溜溜的語氣。

小雅不知道應該如何幫助室友，她想給室友介紹個好點的工作，但又覺得室友很固執，什麼建議都聽不進去。

3

我給予的建議是，千萬不要摻和別人的事情，哪怕這個人是你的好朋友。原因很簡單，可憐之人必有可恨之處，可恨之人必有可悲之苦。

小雅的室友混得不太好，也許一開始跟機遇有關，運氣不佳，也沒有貴人相助，這種情況很正常。可若是連續十幾年都沒有起色，說她自身沒有問題我是不信的。

如今這個時代，一個人在一個行業裡工作了十多年，哪怕能力一般，經驗、經歷、資源也會有所積累，不見得一定很好，但一般情況下，肯定不至於太差。可小雅的室友十多年下來還維持著一萬八千元的底薪，這就很能說明問題，因為人生路是自己選的。

如果小雅的室友能力出眾，哪怕這裡賺不到錢，也會在別處有所收穫。她之所以停滯不前，還是自身的問題，不僅思維方式有問題，而且邏輯混亂，固執己見。

哪怕小雅給室友介紹了工作，也是吃力不討好的事情。因為小雅的室友已經認定了小雅能有今天是因為家庭條件好，有老公支持，碰到了好老闆，遇到了好客戶。她不會承認是自己的思維認知有問題，她的一整套邏輯都是錯的。

如果小雅的室友承認自己思維和認知有問題，那麼她就要推翻自己這十幾年來的工作習慣和認知方式，這談何容易？所以很大機率，她根本無法適應新工作，只會繼續找藉口來安慰自己，認為社會不公，運氣不好，貧富差距大，階級固化……

聽了我的分析，小雅是這樣回覆我的：「您說得太對了，我就是擔心自己動用了資源和人脈，介紹她去朋友的工廠當業務經理，最後她卻不合適。做不好，朋友那邊自然會怪我，室友回不去之前的公司，也會怪我砸了她的飯碗。」

小雅接著寫道：「我們聊了很久，我真心覺得，她太自我、太固執了，什麼建議都聽不進去。雖然大家都是差不多的工作年資，但是我自問做得還可以，這就證明了我的思路和方法還是有點成效的。我建議她多看看行銷類和談判類的書，她覺得沒用，說這個世界上沒有人是靠讀書發財的；我建議她多花時間去研究客戶，她說她不是『狗仔』，做這些沒必要；我建議她自我增值，把寫英文郵件的能力好好提升一下，她說這些不重要，很多人不懂英文，外貿照樣做得很好。」

小雅最後感慨道：「我不知道該如何跟她溝通，我覺得我們再也回不到過去了。也許我們已經不再是好朋友，再也不會有聯繫和交集了。」

4

這就是問題所在，彼此立場不同，思維方式存在差別，也許無論你做什麼，對方都會覺得你是在居高臨下地指責，是站著說話不腰疼。

你希望改變對方的想法，改變對方的人生軌跡，但在對方眼裡，這是他所有信念的基礎，是他的思維邏輯，怎麼可能讓你撼動，從而證明他的現狀不是社會，不是運氣，不是家庭造成的，而是他自己造成的。

當接觸的事情越少，讀的書越少，身邊的朋友越少，就越難以理解這個世界的多元化。他們的思維就像裝在一個四面都是牆的盒子裡，到處都是邊界，他們根本無法跳出這個盒子去思考，所以才會變得固執，才會認為答案只有一種。而實際上，**同樣的事情背後有十幾個答案，有十幾種解題思路**。

在現實中，越是成功的人，我們越能感受到他們的謙遜。原因是能力越強，認知水準越高，思維方式越多元，反而越能感受到自己的無知和渺小，越能意識到這個世界上高手如雲。

越是成功人士，越會不斷學習，大量讀書，注重自我增值和知識積累，這就是一種良性迴圈。當你放棄固執，願意傾聽和接納別人的觀點，願意了解那些比自己強的人，願意探尋問題背後的原因所在時，你看世界的角度就會變得不同，負能量和抱怨也會隨之減少。

蘇格拉底說過一句名言：「**我唯一知道的，就是我一無所知。**」

當我們固執己見的時候，不妨靜下心來想想，是不是正因為我們缺乏足夠的經歷，才看不到多面的結果。

一花一世界，一木一浮生。我們看到的並不是全部，我們堅持的或許有偏差。

不是別人挑剔，而是立場不同

1/

朋友安娜最近十分苦惱，她給我留言說，她碰到一個非常挑剔、難搞、倔強的客戶，一點小瑕疵對方都用放大鏡挑出來，然後把小問題無限擴大。安娜談了好久，對方油鹽不進，適當補償不接受，後續訂單打折也不接受，一定要求全部退貨，全額退款。

我當時正在吃飯，看到這則留言時比較疑惑，就順手詢問了安娜，問題出在哪裡，究竟是什麼事情讓客戶不依不饒。

安娜說，他們做的是工業配件，一款鏈條本來應該打的編號是73，但是工廠在生產過程中搞錯了，打成了75。僅僅是編號搞錯了，絕對不影響使用，品質也沒有任何問題。但是客戶執意不接受，一定要退貨，同時要求全額退款。

安娜嘗試了各種談判策略，都沒有進展，客戶堅決要求退貨，還認為安娜作為供應商，沒有履行合約。

安娜憋著一肚子火來找我訴苦，覺得己方雖然有錯，但這僅僅是很小的失誤，絕對談不上什麼大問題。若因為這個很小的失誤就要給客戶退款，會給公司造成極大的損失，安娜覺得挺冤枉的。

為什麼客戶不能接受五百美元的補償呢？為什麼不能接受下次訂單三％的折扣呢？為什麼在一件很小的事情上揪著不放呢？

2

弄清原委後，我的回覆很直接：問題的大小是由客戶來定的，而不是安娜。我們認為很小的事情，對方或許認為很嚴重；我們認為了不得的事情，對方或許覺得沒什麼。

每個客戶對於產品或者服務的要求是不一樣的。譬如買衣服，A女生看重的是款式要新，B女生看重的是價格要好，C女生看重的是品牌商標，D女生看重的是料子品質，E女生看重的是折扣力度，F女生看重的是重量要輕……

每個人對於自己的喜好都相當執著，是不容易改變的。你或許認為折扣不重要，重要的是品質和舒適感。但你的朋友就認為，折扣力度很重要，這也沒錯。

3

我給安娜舉了個例子。

你從專櫃買了一款香奈兒的手提包，大約是二十八萬，非常精緻，從手感到品質，從感官到包裝，都帶給你無與倫比的體驗。

但是不巧，這個包有一個很小的瑕疵，就是打開後，內兜裡面的皮標上，香奈兒的商標拼錯了，把CHANEL拼成了CHANLE。功能不受影響，品質也完全一樣，只是一個拼寫的小錯誤，根本不影響包的使用和外觀。別人甚至都看不見，因為隱藏在包的最裡層。這個瑕疵你能接受嗎？

我想你大概無法接受，你過不了自己心裡那一關。你甚至會去店裡投訴，花了二十幾萬多買的高檔手提包，居然連基本的字母都拼錯，還是香奈兒的商標名字，你堅持要換一個新的，或者要求退貨退款。

這種情況下，香奈兒櫃員跟你談補救措施，如補償你八百五十元，或者給你一張代金券，你下次購物時可以使用，讓你不退貨，也不換貨，你能接受嗎？

我相信大多數人都會拒絕。因為購物體驗不好，買個CHANEL的包，拿到手卻是CHANLE，肯定會擔心是假的。哪怕東西不是假的，也會影響購物體驗，每次使用都會想起這件事，會對此有強烈的抗拒感。

4／

而客戶的立場也是如此。我們覺得僅僅是一個數字而已，73錯打成了75，不影響使用。可站在客戶的角度思考，他真的是在意一個數字嗎？

也許數字的錯誤會影響客戶產品的銷售情況，會影響採購入庫和電腦系統的品類管理，會因此出現一連串的問題。也許客戶是中間商，他的客戶根本不容許有這種低級失誤，完全無法接受有錯誤標識的產品。也許客戶特別仔細和認真，錯了就是錯了，一切要按照合約辦事，該退就退，該換就換，不接受任何妥協。

我們認定的小事情，也許在客戶眼裡就是了不得的大事情，客戶是不會妥協和讓步的。說難聽點，這個訂單都沒給客戶處理好，還談什麼下一單。一碼歸一碼，如何解決問題才是客戶當前最關心的。

只有把眼前的事情處理好，徹底解決了，贏得了客戶的信任、理解、尊重，才有以後的生意，才值得談以後。

5

《淮南子》有言：「馬先馴而後求良，人先信而後求能。」出現問題時，第一時間是要維持自己的信譽，給客戶解決問題。

不是說談判不可以，不是說做幾套方案讓客戶選擇不可以，而是所有的方案都應當建立在方便對方的基礎上，而不僅僅是方便我們自己。

立場不同，思考問題的角度就不同，涉及的利益和相關的問題會影響我們的決策。所以當埋怨別人挑剔的時候，不妨捫心自問，是不是自己做得不夠好，是不是自己陷入了思維定式，只想處理眼前的麻煩，並沒有真正給對方解決問題。

我們還可以換位思考，當自己碰到類似問題的時候會挑剔嗎？會介意嗎？我們希望對方如何處理呢？我們想要什麼樣的結果呢？這麼一想，或許就豁然開朗了。

職場上堅決不能做的一件事

1

跟一個朋友聊天，她談到最近生意不錯，自己的小貿易公司這兩年逆勢增長，原本的夫妻店模式有些應付不過來了。

她的想法是從老公司裡挖曾經的一個同事過來。這個同事在老公司混得不怎麼如意，收入也沒有大的增長，所以對跳槽到我這個朋友的公司有很大興趣，也明裡暗裡表露了想法。

於是朋友找我聊，想要我給她分析一下，把原同事招進公司的想法是否可行，究竟如何權衡利弊。至少在她看來，用熟人肯定順手，這是好事情。

我這位朋友負責業務開發，她老公負責對接供應商，做採購和驗貨。而她的原同事有差不多十年的跟單經驗，工作還算認真負責，性格也比較開朗，私底下還是她的閨蜜，如果招進來全面負責現有客戶的訂單管理，我朋友就可以騰出手，集中精力維護老客戶，開發新訂單。

她的原同事本身薪水一般，一年只有三十多萬元。若朋友多給一點，如四十萬元年薪，對方也會滿意，這樣對大家都好。我朋友想來想去，覺得這一步可行，成本不高，只是多支付一個人的薪水而已，風險也完全可控。

她設想的最壞的情況是，原同事能力一般，對公司的貢獻並沒有預期那麼好。但即便如此，能損失什麼呢，只是付給她的薪水比市場價略高一點而已，看在閨蜜的份上，這根本就無所謂。再說了，原同事工作的穩定性和忠誠度，怎麼都值這些溢價。

為保險起見，我這位朋友想先跟我探討一下，看看這個方案能不能馬上執行。

我明白，其實她希望從我這裡得到肯定的意見，希望我支持她的觀點。但是很可惜，不管是作為朋友，還是作為商業顧問，我都得跟她說實話。也就是說，這盆冷水我必須澆下去。

2／

我直截了當地表明觀點，對於招聘自己的原同事進公司，我是持反對態度的。沒有模稜兩可，而是建議她立刻打消這個主意。

首先，招原同事進公司，原同事的能力和收入很容易被高估。因為距離產生美，畢竟不在一家公司共事了，大家變成了閨蜜，無話不談，反而容易愛屋及烏，為對方收入偏低而抱不平，也願意給她更好的機會，招其進公司一起工作。

你對原同事工作能力的認知可能還停留在幾年前。那時候你自己或許也是「菜鳥」，所以會與原同事同病相憐，一起抱怨公司，一起忍受偏低的收入。可自己離開公司多年，我們又如何判斷自己在進步的時候，原同事的能力也會突飛猛進呢？

其次，一旦讓原同事入職，雙方的期望或許都會變得特別高。原同事會覺得，老闆是我的閨蜜，肯定會給我不錯的收入，給我豐厚的獎金，跟前公司比絕對是一個天上一個地下。如果你給他加薪二〇％，或許對方也會非常不滿，覺得你小氣。

而自己這邊，總會有那麼點施恩於人的情感因素在，好像是你把對方救出火坑的。心想著只要我賺錢，也一定不虧待你，絕對讓你的收入提升一個臺階。這樣一來，在薪資上鬆了手，在工作和貢獻方面就會對她有相對高的期望。如果對方沒有達到自己的預期，接下來怎麼辦？

原同事覺得你小氣，覺得你把他當普通員工對待，給的薪資並不高。而你或許覺得，原同事能力真的一般，這麼多年都沒長進，如今給他這樣的薪水已經算大方了。

雙方都沒有達到自己的期望，都覺得自己付出更多，結果或許因為幾件很小的事情，就會讓合作破裂，閨蜜就會變成不相往來的陌生人。

再次，未來的管理疊加、職位設置會有很多的困難，不管是模式設計還是執行，都會有無數可以預見的麻煩。

比如，原同事入職的時候，公司在起步階段，什麼制度都沒有，如今公司要嚴格管理，準備制定嚴格的考勤和打卡制度，能管得住原同事嗎？我想很大機率是管不住的。

因為雙方是閨蜜，有多年的交情，老闆很難對原同事嚴格執行考勤制度，處罰或者扣全勤獎的時候往往會睜一隻眼閉一隻眼。可這麼一來，其他同事就會不滿。制度執行還是不執行？嚴格執行，閨蜜會有怨言，也許會影響到兩人的關係；不執行，或者部分執行，其他員工就會覺得不公平，管理就難以開展，制度就變成了擺設。

又如，原同事的能力或許某一天難以匹配公司的發展，很多年輕人、新人全方位超過原同事，這時候怎麼辦？薪酬架構和職位設置都會有各種問題。原同事作為主管，但是下屬的能力遠勝於她，這種情況下，彼此都會尷尬。如果名義上給原同事主管的名頭，給予下屬更高的薪水，那麼原同事反而會更尷尬，也會滋生更多不滿。

這時候怎麼辦？降職，降薪，解職，還是採用其他方式？要知道，讓原同事來公司上班不僅僅是公事，其中必然會夾雜許多私人因素。請神容易送神難，這是管理者面臨的最大難題，除非管理者決心放棄私人交情，公事公辦，交情從此完結，失去這個朋友。

也許你沒有想把原同事當成關係戶，只把對方當成公司的普通員工，但是對方怎麼想呢？會跟你想法一樣嗎？對方或許因為過去是你同事，跟你有很好的私人交情，所以一開始就抱有很高期望才來你公司入職的。如果你今日跟她說，她只是公司的一位普通員工，跟別人沒有什麼不同，你讓她情何以堪？

最後，就是收入問題。公司剛起步時，一切都不是問題，如一開始的四十萬元年薪已經高於對方在原公司的薪水，她會很滿意。

接下來呢？公司收入一般的話，問題還不大。可如果公司做得很好，盈利越來越好，那麼原同事的薪水又該如何定呢？

也許你覺得，增長一〇～二〇%已經不錯了，不到兩三年，原同事的薪水提升到六十萬元，已經算是對她特別照顧了。

也許你年收入已經數百萬元，公司的幾個主管都是百萬年薪，原同事怎麼會甘心拿那麼點兒收入？儘管公司賺錢跟她關係不大，公司給她支付的薪水是透過價值來決定的，但是原同事未必這麼理智。

一個人很難因為縱向比較而滿足，反而會因為橫向比較而不滿。

大家會用調侃的語氣談論某位名人一年天文數字的收入，作為茶餘飯後的八卦新聞，可要是原先跟你一樣拿四十幾萬元年薪的同事突然年入多幾十萬元甚至百萬元，你心裡就會有想法，有芥蒂。這是人之常情，離自己太遙遠的人，跟自己關係不大，無須過多在意。可如果身邊的人——你認為與你不相上下的人，又或者還不如你的人，突然混得極好，你一定會覺得心理不平衡，甚至會做出一些不理智的事情來。

3／

亞洲是人情社會，很難徹底把公私的邊界分清楚。西方很多企業同樣也有類似的問題。

我個人給那位朋友的建議是，若真的要招原同事進公司，如今肯定不是合適的時候。因為公司初創，什麼都不穩定，對方或許能對現狀滿意，但是等公司發展起來之後，原同事的要求會越來越高，會認為自己是元老，是老闆的閨蜜，理所應當獲得更多。這樣反而難以管理和安置她，不如等公司發展一段時間，一切穩定下來之後，再讓對方以員工的身分入職，嚴格劃分具體的職位和工作內容，明確相應的管理制度和薪酬模式，這才是更優的選擇。

只要是人，就會有名利之心，就會比較。我們常說可以共患難，不能共富貴，就是因為富貴之後就容易心態失衡，分多分少都會覺得不公平。你覺得給多了，他覺得拿少了，裂痕就會出現，就會影響到工作。

在《孟子．盡心上》中，孟子說：「非其有而取之，非義也。」這句話是說，不是自己的東西卻據為己有，這是不義的行為。可每個人真的能分清邊界嗎？能弄清楚自己付出多少，應該收穫多少嗎？能明白不應該多拿多占，收入應該根據自己的貢獻來分配嗎？

非常困難。越是有私人交情，就越難公事公辦，因為難以執行制度和進行管理。

我還是那句話，如果私底下真的是特別要好的朋友，就最好不要跟對方一起工作。有些事情，只有防患於未然，才能把那份情誼長久地維持下去。

Chapter 3

持續低效率的魔咒，怎麼破？

奔流到海不復回

李白〈將進酒〉

人生沒有延遲滿足

1

小時候家教甚嚴，除了從兩三歲時拍的一張老照片中能看到我背著一把電子槍外，從懂事起，我很少有過玩具。那時候我很羨慕其他小朋友，他們有變形金剛、奧特曼。每每跟父母提出購買要求，父親總是說：「長大後你想買多少玩具都行，小時候老是玩這些東西能有什麼出息？」

我的童年是跟書本為伴的。從唐詩到宋詞，從《千字文》到《三字經》，從四書五經到魏晉駢文，從《文心雕龍》到《古文觀止》，永遠有讀不完的書，不知要多少年後才有機會摸一下玩具。

我的英文底子也是從小打下的，雖然家境一般，但父親還是給我找了人民大學退休的一位老教授，每週給我上三次課，一步步親自指點教我英文。這就是我回憶童年時能想到的片段。

這麼多年過去了，如今我能成為半職業作家，還能出幾本英文類的書，跟從小打下的基礎是密不可分的，這是事實。可我想說的是，儘管得到了這些東西，可失去的快樂，失去的滿足，已經回不來了。孰優孰劣，孰對孰錯，根本無法界定，也難以解釋。

如今哪怕我可以買得起兒時所有想要的玩具，甚至連一些限量版的模型都不在話下，可我現在真的需要這些嗎？他們還能滿足我的需求嗎？其實已經不能了。哪怕如今我真的去買了，也只是為了圓兒時的一個夢，只是自我安慰，並沒有任何滿足的成分在內。

2

上中學時，同桌的同學學習成績很棒，是班裡的優等生。但是他很苦惱，因為他一直想學聲樂，學習美聲唱法，考音樂學院。但是他的父母極力反對，父母認為藝術這條路最終能走出來的少之又少，還不如學數理化實在。如今辛苦一下，等考上好大學就沒有高中那麼辛苦了，到時候可以再學聲樂。

等到了大學，這位同學發現課業壓力並不小，還要提升各方面技能，為求職做打算。在這期間，要寫論文、做課題，要參加實習積累經驗，興趣嘛，只能先放放，以後工作了，自己能掙錢了，再找老師學習吧。

可工作後他發現難度更大了，甚至根本沒有時間考慮這些理想化的東西。要為生計奔波，為五斗米折腰，擔心被裁員，害怕收入減少，只能拚命鑽研自己毫無興趣的審計工作，透過拚命加班來換取機會。

日復一日，他的經濟條件逐漸好轉，在上海已經買了兩套房，可如今的他反而更迷茫。快不惑的人了，還應該去學聲樂嗎？這時候再去學，已經沒有任何動力，也沒有當時的心境和興趣了。

延遲滿足，真的能滿足嗎？

3／

香港TVB有一位老戲骨，我們幾乎能在TVB的所有警匪片裡看到他，他總是出演高級警官，被外界稱為「TVB最強老外龍套」。

他是澳大利亞人，叫Gregory Charles Rivers，中文名叫河國榮。他在悉尼時是醫學院的學生，因為迷戀張國榮，懷揣「歌星」夢而中斷學業，靠打工存了點錢，買了張單程機票飛香港，做了「港漂」。

一個外國人要在香港歌壇成名，談何容易？哪怕粵語再好，唱功再佳，都不具備優勢。二十世紀八九〇年代的香港，群星璀璨，前有許冠傑、譚詠麟、張國榮，後有「四大天王」，河國榮只能屈從於現實，做了所有「老外」都能做的工作，那就是去補習學校教英文。

機緣巧合之下，香港無線電視臺需要一個能講粵語的白人演員，河國榮成功應聘，在大量的連續劇中飾演有幾句臺詞的配角，一演就是二十年。

二十年後，早已年過不惑的他，重新拾起自己喜歡的音樂，租錄音棚練歌，這或許僅僅是為了興趣，為了不給自己留遺憾罷了。

這份延遲滿足能給他帶來滿足嗎？我認為不能，更多的只是對於年少時夢想的一種補償。

4/

如果可以選擇，我真心建議，**許多事情要享受當下，因為當下那一刻的體驗才是最珍貴的。不要為了一個虛無縹緲的延遲滿足，不斷壓抑自己。**

內心的需求在不同的階段，標注的價格是不一樣的。兒時得到一輛小自行車所獲得的滿足感，也許會遠遠超過如今買一輛賓士車。

延遲之後，滿足感就會下降，延遲的時間越久，滿足感下滑得越厲害，下滑到最後就變成了無所謂。

古人說，破鏡難以重圓。失去的東西，在失去的那一刻就已經過去了。哪怕失而復得，也永遠回不到最初的模樣，記憶深處的種種美好反而容易被輕易破壞。

「往事越千年，魏武揮鞭，東臨碣石有遺篇。」有些事情，有些機會，有些故人，錯過了就是錯過了，不會再回來，也不要奢望能回到從前。延遲滿足只是那一刻的期盼，一種安慰罷了。

人間忽晚，山河已秋。

1 香港方言，意指演技精湛的老演員。

有一種累叫倦怠

1

我時常會陷入一種低迷的狀態，什麼事情都不想做。郵件不想回覆，訂單不想處理，文章寫不出來，工作沒有動力。但是我又無法完全停下來，心裡像有一團火，灼燒得我難受，卻不知道該如何降溫，如何處理。

我心裡明白，這個時候最好是放鬆一下，如看看美劇或者出去旅行幾天，調整一下心態。但每次這麼做的時候，我心裡並沒有覺得放鬆，反而充滿罪惡感，好像是在逃避，自己都無法說服自己。於是就出現了一個怪現象——訂了機票，換了城市，住進度假酒店，但無心遊玩或欣賞景色，只是窩在酒店房間裡對著電腦埋頭工作。

理性的我知道，這其實就是工作倦怠期，長期工作碰到了困難和瓶頸，需要暫停一下，調整心態，好好放鬆。因為在這一階段，工作效率會非常低，內心的抵觸情緒硬逼著自己努力，沒有足夠的動力和理由說服自己，往往效果極差。

大道理我都懂，說別人的時候，可以有理有據、侃侃而談，但一旦到了自己身上，就是另外一回事了。我會變得敏感、脆弱、易怒，陷入反覆的自我懷疑中，糾結努力是否有價值，或者認為自己做的都是無用功。

例如，跟進一個客戶整整六個月，最後前功盡棄，哪怕表面雲淡風輕，裝得豁達，內心深處的失落感卻很難為外人道。

再如，一本書的整個章節已經寫完，三萬多字的內容，外加圖表。但自己越看越不像樣，最終全部刪掉，那種無奈的痛楚同樣銘心刻骨。

2／

後來我慢慢適應和理解了這種情緒，每次到了倦怠期，我就跟自己說，我的工作還可以，做得並不差，但每個人都無法長期維持高效率，一定需要調整，如今的回調是為了接下來更大的進步。蓄勢才能發力，拳頭收回來，才能繼續打出去。一鬆一緊，一張一弛，才符合科學邏輯。

以長跑為例，我們需要有起步時的發力搶道，需要有中段的呼吸調整，還需要有最後的全力衝刺。每個階段的體力並不是平均分配的，而是要根據自身的情況和對手的狀態，隨時去做出相應的改變。

再如，股票一定有漲跌起伏。哪怕大勢往上走，也絕對不是一條線一路向上，也會有起有落，有技術調整。這期間有人堅持，也有人放棄，最終結果如何，在當下這一刻都是未知的。

低谷並非不能夠忍受，倦怠的根源或許是這段時間日子歸於平淡，成績不突出，受到了不小的挫折；又或者是被別人的成功所刺激，從而出現自己無比討厭的負面情緒——那種發自內心的抗拒感。

這時候逃避是沒用的，因為事情一直存在，並非逛逛街就能消弭，也並非看一部電視劇就能忘記。逃避反而會引起更大的壓力。

後來我慢慢懂得，有些事情無法解決，就要**學會和它們共存，學會向不好的情緒妥協**。接受這種不完美，接受自己明知道該做什麼卻提不起勁的狀態，生活自然會逐漸好轉，回到原來的樣子。

3／

認真想想，倦怠期並不可怕，可怕的是不知道如何處理。如果時時刻刻給自己挑刺，自己終有一天會迷失方向。可事實上，前面的路沒有想像中那麼窄，可能是地闊天長，一馬平川；競爭對手沒有想像中那麼強，他們也可能丟盔棄甲，隨時投降。

倦怠不是偶然現象，而是一種正常的情緒，必然是如影隨形。再堅強、再樂觀的人，也會有自怨自艾的時候，也會有潸然淚下的場合。我們要做的，是接受和明白，**我們無法擁有一切**，我們無法讓自己成為想像中那個完美的人。

讓情緒一直保持很好的狀態，這不現實，我們也辦不到。我們只能在事情發生之後坦然面對，從容解決，哪怕再苦再累再難再痛，無法笑著面對，也要允許自己傷感傷心傷神傷痛，可以慢慢去消化。

《古詩十九首》中有「生年不滿百，常懷千歲憂」的感歎；古龍在小說《七種武器》中寫道：「離別是為了相聚。只要能相聚，無論多痛苦的離別都可以忍受。」

或許，倦怠只是為了提醒我們重新審視過去的工作和生活方式，到了快突破瓶頸的時候，就需要重新思考和研究方向。

接受不完美，允許不開心，理解不如意，才能真正快樂起來。

為什麼你總跟機會擦肩而過？

1／

「冰哥，我感覺我運氣糟透了，總是一次次錯過機會。做外貿賺錢的時候，我去搞電商了；後來做電商開始賺錢了，我又回去做外貿了。二〇〇五年的時候家裡要給我買房，我覺得還年輕不用著急；二〇〇八年的時候，我覺得房價已經開始下行，不如先拿手裡的錢做生意；二〇一二年要結婚了，手裡的錢根本買不起像樣的純住宅，就買了住商公寓，入了坑。如今八年過去了，純住宅的房價漲了快三倍，我的公寓還沒動靜……」

這是一位朋友給我的留言，字字誅心的血淚史。他覺得自己十分倒楣，連續錯過機會，從來沒選對過，每一次都是躊躇滿志，但最終總是踏空。如今他在職場快十五年了，依然一事無成，「三十而立」的口號早已變成了過去式，他對未來愈加迷茫。

他反覆強調，他不是不努力，也不是安於現狀，但就是少了那麼點運氣。他讀書的時候成績不錯，畢業後找工作也順利，工作能力也被長官讚賞。可這麼多年下來，看著別人升職的升職，創業的創業，買房發財的也大有人在，自己怎麼就沒那個命呢……

其實一開始，對於他的情況，我已經隱隱有了些判斷。跟他的進一步溝通，只是為了確認一下我內心對他的猜測。結果毫無懸念，我的判斷沒錯。他之所以在職場十幾年都混不出個樣子，我用九個字可以總結：不學習，很偏執，藉口多。

2

先看第一條，不學習。

這一點，他是不同意的，他覺得自己有點才華，每天都看新聞、看公眾號，也會買書看，閱讀量不小。再說了，他還注重提升工作中的技能，會學習產品，鑽研業務，瞭解市場，分析趨勢，怎麼能說不學習呢？

很可惜，我想說的就是他這樣的人，容易在「能力陷阱」中過度高估自己。他覺得這些東西自己都懂，平時也在學，工作很努力，根本不應該比別人差。因為他有點才華，有點能力，就更加容易帶著批判的眼光看別人，用挑剌的方式審視別人的成績，得出的結論往往會有很大的偏差。

有些人有自知之明，知道自己資質平庸，能力不強，就特別虛心好學。別人英文溜，他們會湊上去請教怎麼自學；同事懂產品，他們會拉下臉面勇敢討教；上司很嚴厲，他們會很認真地彙報工作。這些人如一張白紙，而且知道自己是一張白紙，反而比較容易塑造，容易主動學習和積累，慢慢闖出自己的一方天地。

而有點知識和能耐的人，往往將三分能力當成八分，覺得知識儲備足夠，技能水準也不缺，對於別人靠學習取得的進步，他們不會認同。他們會覺得別人的進步是僥倖，是運氣……有這樣想法的人往往會迅速進入第二個迴圈，就是「很偏執」，如前文中提到的我這個朋友。

3／

別人外貿做得好，他不認為這是人家靠拚搏得到的，反而覺得是人家命好，有個好老闆，工資給得多，分紅也優厚，別人自然拚命做，這是良性迴圈。他這邊就不行了，產品一般，老闆摳門，接單困難，也就這樣了……

他永遠不會承認，是自己技不如人，是別人真的比他強大，是這個世界變化太快，他自己落後了。如果他這樣想，那麼他的整個信心和信仰體系就會徹底坍塌。

正因為不學習，所以越來越偏執，只相信自己的觀念正確。也因為越來越偏執，就更加不可能放下身段去學習，因此逐漸跟其他大步向前的人拉開更大的差距。

這個朋友之所以混得不好，真不是他自己認為的「運氣一直很糟」，而是他根本沒有認識到，是因為他自己認知的欠缺、能力的不足，再加上自視甚高的固執，才有了今天的結果。

放棄外貿做電商，是因為他自認為可以走捷徑；放棄電商做外貿，是因為他自認為還能回得去；當初不買房，是因為他覺得將來可以賺更多，不用急；後來買住商公寓，是因為他覺得價格比純住宅便宜，能下手。其實所有的一切，不存在運氣成分，對他而言，都是他自己的選擇，都是他走的路，自己的人生自己要負責。

外貿做得一般，但是他認定自己都懂，有十幾年經驗，沒什麼好學的。學習是新人才需要的，什麼系統化、模組化學習，跟他沒關係。電商做不起來，他認為是時代不好，是自己錯過了機會，他不會相信這裡面同樣有大學問，不是他想的那麼簡單。

4

混得不如意，其實是學習不足、思維偏執的結果，但是我這個朋友不會承認。他只會埋怨別人，埋怨世道，給自己的無能和認知的低級找無數似是而非的藉口。

買了住商公寓，多年套牢在手裡，看著純住宅價格漸漸上漲，自己的公寓不僅沒漲，原價都很難脫手。他不認為是因為自己眼光和邏輯存在問題，反而言之鑿鑿：「如果有錢，我也想買純住宅，誰買公寓？」或者說：「誰想拿辛苦賺來的錢去買八〇年代的老破小房？」

憑什麼別人透過努力換來的住好房子、好社區，享受好的園林景觀和配套設施，而被你說成輕而易舉？憑什麼別人辛苦十幾年換來財務自由和時間自由，可以從容遛狗，從容逛街，從容喝下午茶，還要忍受你的風涼話？

憑什麼你就認定自己很努力，付出很多，別人只是運氣比你好，才比你混得好，比你賺得多？

這樣的思維和心態，實在太扭曲了。我相信運氣成分的存在，但我更相信不斷提升自身能力，不斷學習和進步的作用。人生的路自己走，每一步都算數，你想要什麼樣的機會，就自己去爭取，而不是希望別人把機會送到你手裡。

大多數情況下，不是你錯過了機會，而是你眼高手低，高不成低不就，但能力就那麼一點點。

5

你或許會發現，越是強大的人，越是溫柔敦厚、謙和自然，不會紅臉，也很少抱怨。平時他們談笑自如，哪怕有些不快，也會輕易翻過，並不會反覆糾結在毫無意義的細枝末節上。他們不會輕易動怒，也沒有滿身的暴戾怨氣。

他們之所以強大，是因為他們善於放下身段去學習別人的優點，善於用空杯心態接受各種知識，不會輕易否定自己不確定的東西。他們時刻願意接受新鮮事物和新的觀點，很少嘲諷或抱怨自己得不到的東西。

如果你覺得自己因為運氣不好，生不逢時，一次次錯過機會，所以過得不容易，那麼我想說，其實你沒有錯過機會，而是這些機會根本就不屬於你，就算送到你面前，你也抓不住。你沒有做好充分準備，沒有全面提升技能，沒有長期打磨和苦心經營，沒有不斷學習和自我增值，好運怎麼會降臨到你頭上？

機會不是別人給的，而是自己掙的。

有些事情做了便回不了頭

民國時，袁世凱的次子袁克文寫過一句名詩：「絕憐高處多風雨，莫到瓊樓最上層。」婉轉自然而又巧妙地規勸父親莫要稱帝，有些事情做了就回不了頭。可在那個時候，大哥袁克定掌控著言論管道，呈遞給袁世凱的都是規勸其登基稱帝的文章，導致袁世凱誤以為民意可用，結果搞了一場洪憲鬧劇，後又灰溜溜地退位。

其實袁克文這句詩給我的最大感觸是**「適可而止」**。

人生有太多的無奈、困惑和糾結，都在於不知道什麼時候應該停下來，哪些事情需要踩剎車。別人有的東西我們沒有，想要；有了以後還想要更多，心煩。大部分人在這個怪圈裡一直奔跑、追逐，但從來都不明白，自己究竟在跑什麼、追什麼。

人的貪欲本來就是無止境的，想賺更多的錢，想要更好的工作，想買更多的東西，想住越來越大的房子……可捫心自問，我們是真的需要還是自認為需要？

除了物質這塊，我同樣不建議大家在精神上過於糾結，探索虛無縹緲的意義，否則大家會看不到生活的本來面目，一直沉浸在自己的世界裡走不出來。

拚搏是對的，思考也是對的，但做個腳踏實地的「俗人」更好。

「會當淩絕頂，一覽眾山小」，這是杜甫的世界。對我們普羅大眾而言，有令人滿意的工作，有溫暖的家，有愛人和親人相伴，有三五好友，這就是世界。若貪心不足，一山還望一山高，痛苦的只會是自己。

三個「後悔沒有早知道」的人生建議

有個朋友問我：「如果只能給三個『後悔沒有早知道』的人生建議，你會給哪三個？原因又是什麼？」

這是超級好的問題，值得深度思考。這篇文章就是我給他的答案。我整理成文字，希望給更多的讀者一些實實在在的內容，也希望大家可以用心思考和衡量自己的現狀。

我們每個人都會在事過境遷和時過境遷後才有「早知道」的感慨，才會覺得，很多事情仿佛在某一瞬間突然明白過來，但時光已然回不去。誰又能在當下突然想明白也許很多年後才會想清楚的事情？

例如，早知道的話，就在做外貿之初好好學習毅冰的書和課程，快速入門，早學早受益，少走彎路，節約大量摸索的時間。結果，沒有早知道，少賺了數百萬。

再如，早知道的話，就在很多年前果斷買房，不觀望，不聽信親戚朋友的胡亂建議。結果，沒有早知道，又少賺了數百萬。

又如，早知道的話，就不該回老家，在老家的工作環境和氛圍下根本找不到機會破局，找不到自己發展的一席之地。結果，沒有早知道。如今哪怕知道了，還是左右為難，不知道接下來應該怎麼辦。

這個世界上並不存在那麼多的「早知道」，沒有試錯的經歷，又怎會知道對錯，怎會有更好的選擇？人生沒有那麼多「如果」，沒有辦法重來，假設性的事情是不存在的。我們只有經歷過、嘗試過、傷過、痛過、走過彎路，才能明白對與錯。但這個時候或許已經錯過太多，或許已變得遍體鱗傷，這就是成長。

「功名夢斷，卻泛扁舟吳楚。漫悲歌，傷懷吊古。煙波無際，望秦關何處？歎流年，又成虛度。」

關於「後悔沒有早知道」，如果只能給三個建議，以我經歷的事情，我會給出以下三個建議。

第一，不要過分迷信努力的重要性。

方向比努力重要，選擇比努力重要，思維比努力重要，學習比努力重要，有很多東西都比大家認知中的「努力」重要百千倍。只是在整個過程中，努力也一定是如影隨形，不能缺少的。

大家千萬不要認為自己不夠成功，沒有達到預期，是因為努力不夠。很多時候大家是不同賽道的競爭，起點不同是沒有可比性的。就像再好的賽車也無法跟飛機拚速度，再好的飛機也無法跟火箭拚速度。不同的領域有不同的核心價值，比較是沒有意義的。

我們常常會被自身的眼界所限制，被身邊人的行為方式所影響，會因為不同的環境而形成不同的價值觀和思維方式，會覺得真實的世界就應該是我們理解和認識的樣子。好比入行之初，很多人跟我這麼講：「做外貿，底薪收入不重要，都是靠分紅；做外貿，公司大小不重要，都是靠自己；做外貿，平臺好壞不重要，都是靠能力……」換作今天，我或許會一個耳光回敬過去，告訴他們：「自己不明白，就別在這裡誤人子弟！」

玩笑歸玩笑，我只是想說，努力不是萬能的，必須不斷自我增值，優化工作流程，反覆運算思維方式，一次次撕裂自己，重新構建技能樹，而不是努力卻重複著機械的工作，維持僵化的思維方式而不加改進。

總之一句話，**不要做行動勤奮但思維懶惰的人**。

我前段時間寫過一篇文章，大致意思是說，不要認為把大量時間耗在一件事上，足夠努力，就能產生相應的價值。付出和所得是兩回事，並沒有絕對的正相關性。

譬如，你母親做了幾十年的飯，一定能打敗年輕的米其林廚師嗎？不一定。你睡了幾十年，經驗豐富，會變成睡覺大師嗎？不會。

別人是做了詳細幕後工作後的精準開發，而你是複製貼上後不斷群發，製造垃圾郵件，這種情況下，哪怕你再努力，花再多時間，結果都不會逆轉。

努力只能讓你過得下去，但無法保證你過得很好，無法保證你成功。成功需要在努力的過程中，不斷優化技能，不斷更新思維。

第二，學習是終身的事情。

很多人在大學畢業後進入工作崗位，工作多年都沒看過幾本書。有人會說，工作很忙，下班後很辛苦，需要做家務，還要照顧孩子，哪有時間學習？而且學習也不是立竿見影的事情，是沒有辦法立刻改變現狀，增加收入，及時給自己變現的。

這種想法從某種意義上講是有幾分道理的，但是過於功利了。

透過一本書，我們能接觸到作者的想法和經驗，觀點和特質。一杯咖啡的錢，也許就能獲取別人一輩子鑽研和琢磨出來的好東西。

我們會發現，許多知名人士都有大量閱讀的習慣，每天再忙都會翻幾頁書，一有空閒就要閱讀。別人身居高位，日理萬機，難道不比我們忙？我們憑什麼說自己沒有時間？這都是給自己的思維懶惰找藉口。

三人行，必有我師。我們要學的不僅僅是跟工作有關的內容，更多的是為人處事的方式，解決問題的能力，談吐和氣質。除此之外，還要學習如何終身學習。

前段時間偶爾得知，我年齡最小的學員當時正讀初三。這個發現讓我很驚訝，初三的孩子學什麼外貿方面的內容，看似太早了，也沒必要。

瞭解了情況後獲悉，他只是偶然在網上發現了我寫過的一些文章，透過論壇看到我的一些帖子，然後搜索了我的相關資訊，發現我曾出版過幾本書，還在做米課線上課程，就索性一股腦兒都買了。

一個初三學生怎麼會有興趣瞭解外貿方面的內容？明明還有很長的時間才會步入社會，為何現在就開始學？很多工作許多年的外貿人或許還在猶豫，可這個初中生已經會核算成本，還得意地算給我聽。

如果投入一萬七千元不到，系統化地學習書和課程，學到一些觀點和想法，可以讓自己成熟一些、見識增長一些，就是划算的。這筆錢相當於一次旅行的費用，但是可以節約大量的學習時間。如果買砸了，就算自己投資失敗，這個損失也不大。因為如果在網上看各種資料，還需要去甄別內容，學錯或者白學，時間成本更大，帶來的損失更高。一分析就決定入手了。

這種抽絲剝繭的思維方式真的是驚到我了。大多數工作多年的人，還不如這位初三小朋友考慮問題有邏輯。

由此可見，任何的藉口都是徒勞的。窮不是藉口，窮才需要學習，否則如何進步？我工作的時候也很窮，沒有錢上各種課，但是起碼書還是買得起的，於是我開始自學。我的德語和法語都是自學的，儘管水準不怎麼樣，但是基本的溝通和發郵件沒什麼太大問題。

如果不學習、不進步，就難以跟別人競爭，工作機會就會減少，就可能形成惡性循環。你花大把時間努力，或許方法遠不如別人，也缺乏專業化的引導，結果一天的產出還不如別人一小時多。

市場經濟遵循優勝劣汰的自然選擇。你的價值決定了你的未來，也決定了你的收入。如果你不學習，空長了年齡，空長了肥肉，以後一代一代的年輕人都會成為你的老闆、你的主管。哪怕你不失業，也只能為了一份底薪而拚命工作，不敢要求加薪，不敢請假，不能抱怨，什麼事都要自己扛著，也沒有多餘的時間照顧家庭。

第三，大城市必然擁有更多機會。

關於這一點，一定會有很多人反駁我。但是，曾經滄海難為水，有足夠的經歷才有資格談自己過往的體驗和切身感受。否則僅憑想像，加上道聽途說的內容，又能有幾分說服力呢？

說實話，我從來沒見過身邊任何一個朋友，在大城市怎麼都混不出來，回小城市就一飛沖天，創業成功了。我身邊沒有一個這樣的案例。當然，靠家裡的不算。

我有個學員，在深圳工作了兩年多，覺得很辛苦，壓力很大，看不到希望，於是在家人的慫恿和一再要求下，回到了河北老家工作。她當時想的是，收入低一點沒關係，起碼工作穩定、生活簡單，離父母也近，方便照顧。可回去後她發現，她根本融不進家鄉的生活，她的思維方式和工作經驗與家鄉的慢節奏格格不入。深圳高速發展的氛圍，在老家完全感受不到，這裡工作機會也少得可憐，連像樣的外貿工作都找不到，不是她用心或者努力就能改變現狀的。

哪怕自己想創業，弄個小貿易公司，老家這邊的供應鏈也不具備條件。僅有的一些可以做出口產品的工廠，思維意識也落後了十幾年。差距太明顯，她覺得難以溝通，更別提合作了。

難得有一些還算不錯的崗位，也都被關係戶把持著，根本輪不到自己。就算按照父母的想法，去考公務員，進事業單位，就算最終考上了，那又如何？她的能力和情商不見得在這個領域吃得開，或許依然只是領份微薄工資度日。

她後來考了教師資格證，在當地的公立學校當了一年的英語老師。拿著深圳四分之一的薪水，她心裡面一直不大開心，找不到自己的價值和方向，於是她來問我，是否該回到深圳工作，繼續做外貿。

我問她：「你喜歡老家什麼？」

她思索良久後回覆我：「一是房價的確很便宜；二是離父母近一些。」

「那不喜歡的呢？」

結果她大吐苦水，一說一個半小時還沒停。

我打斷她：「你心裡已經有答案了，不需要來問我了，不是嗎？」

她愣了一下，隨即告訴我，她決定回深圳，哪怕一切歸零，從頭做起，哪怕做業務助理，她都願意。

時至今日，距當初她找我聊天已經過去好多年，她現在已經是一家貿易公司的合夥人，年入上百萬元，在深圳剛買了房。再說起當年的事，她感慨道，早知道一開始就聽我的建議，不回老家，留在深圳。現在雖然一切都有好轉，但是兜兜轉轉浪費了幾年時間。若是沒有回去那一段插曲，也許她在深圳早已買了第二套房，把父母接過來了。

當然，這只是個案，我從來沒有說所有人都適合去大城市工作，具體還要根據個人情況選擇。有些人喜歡簡單舒適，喜歡離家近，那麼選擇小城市不錯。有些人喜歡拚搏，希望改變人生，那或許大城市更佳。

大城市人才和資源聚集，競爭更激烈，但也會給普通人家的孩子奮鬥和爭取的希望。這條向上的通道，沒有徹底關上。

Chapter 4

時間管理難以做好，為什麼？

會挽雕弓如滿月

蘇軾〈江城子・密州出獵〉

提高時間利用率的原則

我們總是抱怨沒時間，沒時間學習，沒時間讀書，沒時間健身，沒時間旅行，沒時間陪家人……好像自從工作以後，時間就越來越少，往往下班回去後沒做什麼事，就到了睡覺時間。想讀本書，看部美劇，進修一下，都很難辦到。

有的時候我們甚至會疑惑，都是二十四小時，為什麼有些人可以做好多事情，完成好多工作，還能健身、釣魚、看書、進修、旅行、育兒、逛街、購物、烹飪、聚餐？好像這些人的時間是無窮的，一天有四十八小時甚至更多，否則怎麼能完成這麼多不可能的事情？難道有三頭六臂，還是像孫悟空那樣，可以變出無數個分身？

這就涉及時間利用率的問題。如何提高效率，展開可以寫一本書，這裡就不贅述了。我只簡單談一談如何放棄浪費時間的事情，或者說，如何讓低效率的時間利用離你遠去。

其實用一句話就能說明白：定期扔東西，**給生活做減法**。

一般而言，不管是租的還是買的房子，隨著時間的推移，大多數人家裡的物件會越來越多，收納的空間越來越小。每次搬家不堪重負不說，平時也總被各種東西占據太多時間。

舉個例子，你需要一把指甲鉗，在抽屜裡翻了十幾分鐘才找到。抽屜裡還有什麼呢？一堆亂七八糟的雜物，如零錢、各種票據、衣服的吊牌鈕扣、多餘的免洗筷、筆、本、充電器、耳機……如果是女生，還會有各種小物件。

結果就是，你每次找東西都需要耗費很多的時間。而找東西的過程中你又會發現某些東西或許能用，拿出來再看看，同樣會耽擱不少時間。雖然量化到某一天，這些時間可以忽略不計，但是一整年下來，被浪費的時間會讓你覺得可怕。

我們爺爺奶奶那一輩，經濟條件差，大家都節儉慣了，什麼東西都不捨得扔。吃一盒餅乾，會把鐵盒留下來；喝一罐奶粉，會把罐子留下來；哪怕買衣服的包裝紙、看過的雜誌，都要專門存下來；穿不上的衣服也會先放著，看看能否送人；就連用過的電池都不捨得扔。這是時代造成的，在物質過於匱乏的時候，人們願意什麼東西都留著，以備將來用得上。久而久之，家裡就變成了雜物倉庫。

可如今情況不同了，大家家裡的東西不是太少，而是太多了。去銀行辦一次事情，可能會簽一堆單據，這些單據其實沒必要拿回家，如果當場確認沒什麼問題，直接撕掉就好了。一堆的列印資料其實沒有必要放在家裡，後期也不會看，每次整理東西的時候還要翻一下，看看這些文件有沒有用，反而浪費了不少時間。

每個人每天需要用到的東西真的不多，一雙手就能數得出來。很多東西或許根本就不會再用，哪怕擔心以後可能需要，但為了一個不確定的可能性浪費了大量的空間資源和時間資源，值得嗎？

像我太太，她就有太多的衣服，衣帽間和衣櫃都裝不下。我相信很多女生都有這樣的煩惱，所以會用整理箱，或者拉杆箱，把一些不穿的衣服收納起來，等需要的時候再拿出來。

但是我太太經常糾結的問題是，這件衣服還要不要？明年會繼續穿嗎？那件衣服好像不太好了，扔掉有點可惜，要不先放著？就這樣，衣服越來越多，第二年拿出來，東看看西看看，還是不想穿，繼續放著，以後再說……

後來我就跟她說，夏天的衣服只能穿一季，到了第二年，基本上不會拿出來穿，所以這一季過了，不如全部處理掉。既不占地方，又節省整理和甄別的時間。時間成本太高了，不如第二年直接買當季的新款，永遠保持衣服是最新的。

另外，基本不買或者少買打折貨。浪費一下午時間挑選，最終勉強挑幾件不是特別喜歡的買下，只是為了一點占便宜的感覺，這樣太浪費時間了。還不如選擇新款，從頭到腳買幾身，直接搭配好就搞定問題了，平時也不用考慮怎麼搭配衣服。雖然表面上是花了更多錢，但是秉承少而精的原則，買好的品牌，一個夏季從頭到腳十幾套也就夠了。T恤多洗幾次容易洗壞，那就隨時買新的，不囤貨，把大量時間解放出來。

我不太贊同日本人那一套斷捨離的生活態度，我認為，社會的發展一定需要人類對物質有更多的追求，喜歡更好的東西，購買更好的東西。有追求，才有奮鬥的目標。為了少而少，為了斷捨離而斷捨離，什麼都不想要，沒有物質追求，那樣很容易喪失奮鬥的動力。

我們可以過得簡單自由，也可以舒適、精緻，追求更好的東西，這是我們用心工作和努力奮鬥的回報。

君子愛財，取之有道。希望過得更好，本身就是很好的目標，沒什麼不好意思說出口的。只是在實現的過程中，我們不能浪費時間。時間不是不夠用，而是莫名其妙溜走了，被各種亂七八糟的事情給占據了。

不囤東西是節約時間最核心的一條。別想著以後可能會用，我敢斷言，三個月內都不用的東西，你放兩三年可能也不會用到。

定期清理抽屜，清理文件、票據、雜物、衣服，這不光是為了當下這一刻騰出空間，而是為了節約接下來尋找、搜索和思考的時間。這樣做帶來的價值，或許會遠勝找舊東西所付出的沉沒成本。

不求多，在力所能及的範圍內少而精，從而減少糾結和猶豫的時間。

如何做好時間管理？

「時間管理」這個詞，由於娛樂圈某位藝人的八卦新聞被提上熱搜，引起諸多討論，一度刷爆了朋友圈。很多人給我留言，希望我能寫一篇關於時間管理的文章，供大家學習。

我之所以沒在那個階段寫這方面的內容，是因為不想蹭熱度寫流量文，不想引用同樣的案例，使用差不多的圖片，連評論、觀點和調侃都幾乎一致，那是非常無聊的事情。除了帶來大量的閱讀量，引起爭議話題，又能得到什麼呢？

現在這個熱度過去了，我反而願意抽出時間專門探討一下時間管理的話題。這是個很大的課題，有無數的學術論文，有大量專業人士的研究，同樣也有不少這方面的暢銷書。對於其中的內容，我相信每個人都有自己的看法和衡量標準，我不做評論。我僅談一談自己在日常工作中是如何做好時間管理，完成多工作業的。

這十幾年來我寫了十幾本暢銷書，保持著高品質的公眾號文章更新，在米課做外貿類線上教育課程，有自己的貿易公司，也經營著自有品牌，還維持著龐大的閱讀量。我自認為在時間管理方面，自己做得還不錯，有那麼一點心得體會。在我看來，三句話就可以把「如何做好時間管理」這個課題講透。

第一，把要做的事情隨時劃分優先順序。

這是先與後的問題。事情永遠做不完，永遠會有新的事情冒出來。我們需要明確的是先做最重要和最緊急的事情，然後把不重要和不緊急的事情順延。

不管是四象限分類、青蛙理論，還是其他名詞術語，無論怎麼換說法，本質上都無法逃脫「優先順序劃分」這個原則。這對於提高時間利用率是非常重要的。

第二，提高碎片時間的利用率，避免無謂浪費。

每個人每天都擁有二十四小時，這是無比公平的。差別在於，對於時間的利用，每個人獲得的價值各不相同。

除了按優先順序劃分工作外，我們還需要特別注意對碎片時間的利用。

也許你工作很忙，根本沒時間看書，但如果把每天上下班的路上玩手機、看新聞的時間用來看十頁書，應該不難吧。

也許你家務繁重，但是在做家務的時候戴上耳機，邊做事邊聽一下英文，為自己創造英語語境，應該也不難吧。

我寫文章、寫書，但是很少有人知道，我的文章和書很大一部分是我在出差路上完成的，如去機場的計程車上，候機過程中，飛機和高鐵上……我沒有像很多人那樣發呆，或者玩手機，我把這部分時間全方位地利用了起來。

第三，提升專注力，提高單位時間工作效率。

時間管理的最後一步就是提升效率。我的理解是，對於重要的工作，一定要在最短的時間裡集中完成，而不是反覆被各種事情打斷，不斷被分散注意力。

舉個例子，我寫這篇文章的時候，我給自己的安排是三十分鐘內必須寫完，最好控制在二十分鐘以內。因為本篇內容我心裡有底，只是組織語言而已，並不難寫。我要注意的就是避免因被其他事情干擾而拖慢了節奏。

因此，我要做的是關掉電腦的無線網路，把手機調成靜音並把它放得遠遠的，這篇文章寫完之前不可以拿手機。

不要把手機反扣在桌上，這樣是沒用的，人會習慣性地在沒靈感的時候拿起手機刷一下微博，看一下朋友圈，回覆幾個留言。隨便點開一篇新聞，時間就會再次被揮霍，工作效率自然會降低。

要提升專注力，就要在做重要且緊急事情的過程中排除一切可能的干擾，全方位提升工作效率，在設定的時間內完成工作。

把事情做完不是本事，真正的本事是在計畫內完成任務，還能做得又快又好，這是需要反覆歷練的。

世道不好不是你弱的藉口

1／

有一個特別有意思的現象，就是很多人習慣把自己的不如意歸咎於「世道不好」「環境不佳」。其實這個世界對大多數人是公平的，誰都有二十四小時，誰都要起床，吃飯，睡覺。唯一的差別就是每個人的時間利用率不同罷了。

也許你的起點是〇，別人的起點是〇．五，在從〇到一的過程中，表面上別人比你更容易到達，可事實上，賽道不是一條直線，而是彎彎繞繞、翻山越嶺的，你需要跋山涉水。在這個過程中，很多人會走錯路，很多人會掉隊，只有極少數人能到達一。

如果你的起點已經落後，需要比別人付出更多，而你還慢慢悠悠，邊走邊抱怨，這樣難道能助你解決問題，趕超賽道上的對手嗎？

每個時代有每個時代的英雄，每個階段有每個階段的人才。基礎差，底子薄，在競爭中的確會吃虧，但結局絕非一成不變。拿每年的大考成績來看，難道考進名牌大學的一定是從小成績就好的孩子嗎？其實未必，總有孩子可以逆襲。

而大多數人往往沉溺於自己的不如意，怨天尤人，動不動就抱怨「世道不好，錢難賺」，動不動就吐槽「好工作都被有錢人給把持了」，難道你自己無能還要讓別人特別照顧嗎？自然不可能。

2／

商業社會本就是競爭社會，競技較量之下，適者生存，能者脫穎而出。你沒有金手指，就更應該自己找出路。別人擁有的東西，也不是天上掉下來的，而是自己掙來的，同樣是付出了努力和心血的。

不要用「世道不好」來當藉口，也不要用「階級固化」來作理由，歸根到底還是自己的能力問題、經驗問題、知識問題、眼界問題。困住你收入和職業生涯發展的，大多還是思維和認知的局限。哪怕你再努力、再勤奮，但你的技能樹沒有更新迭代，你的工作方法沒有進步，再多的虛榮指標都沒有意義，你很容易被別人取代。拚命做事，懶於思考，停止學習，把機械化的重複當成勤奮，不斷重複低效率的工作，僅僅感動了自己，卻無法創造更大的價值，這才是根本問題。

別人收入比你高，別人一定有與之匹配的能力和價值；別人生意做得比你大，別人一定有相應的實力和資源。不要妄自菲薄，但也不要小瞧別人，因為沒有人可以靠所謂的運氣長久地光鮮下去。每個人都會在時間的洗禮中慢慢回到自己該處的位置。

一個能力不足、才華不夠的人，哪怕依靠父輩坐擁金山銀山，也會在很短的時間內將財富消耗殆盡，成為別人鐮刀下的肥韭菜。

3

拿盛宣懷來說，他是清末洋務運動的實權人物，是那個時代的中國首富。他一手創辦了輪船招商局、中國電報總局、內河貨輪公司、中國通商銀行、華盛紡織總廠、京漢鐵路、中國紅十字會、北洋大學堂等，被譽為「中國實業之父」「中國高等教育之父」。光緒年間，他是正二品頂戴工部左侍郎，手掌實權，協助李鴻章辦理洋務，又因功加了「太子少保」尊銜，還得到了可以在紫禁城內騎馬的加恩殊榮。

李鴻章對他的評價是「志在匡時，堅韌任事，才識敏贍，堪資大用」；慈禧太后曾說「盛宣懷為必不可少之人」；張之洞對他的評價是「可聯南北，可聯中外，可聯官商」。就連站在清廷對立面的革命黨人，都對盛宣懷稱讚有加。孫中山對他的評價是「熱心公益，而經濟界又極有信用」。

就是這麼一個了不起的人，他去世後，他的兒子盛恩頤坐擁萬貫家財，占盡一切優勢，卻還是迅速敗光家業，一夜之間輸掉了上海灘一百棟樓，成為民國奇談。別說財富傳承三代了，連兩代都撐不過去。

所以不要覺得別人手裡的牌太好，你連牌桌都不敢上。手握一副爛牌，只要沉住氣慢慢打，或許也能打順，並逐漸找到機會，找回自信。關鍵是，你要有信心，要願意嘗試，給自己掙一個明媚的將來。

4／

矽谷著名投資人吳軍在《見識》一書中這樣寫道：「很多人成不了大氣候，不是因為能力不行、機會不夠，而是因為在生活的苦難裡停止了奔跑。」

總說大環境不好、世道不好的人，我倒想問問，難道世道還分人，世道對你不好，對別人好？當然不是這樣的。

該奮鬥的時候，不要選擇安逸；該安逸的時候，不要忘記初心。

你選擇隨波逐流混日子的時候，日子也在混你。別用「世道不好」這種爛藉口給自己的無能找理由。

不懂捨棄如何對沖風險

1／

說起對沖風險，很多朋友腦海裡第一時間想到的或許是對沖基金。簡而言之，對沖基金就是透過資金槓桿和分散風險的對沖投資策略，透過金融衍生工具買空賣空，從而達到避險和整體盈利的目的。

雖然對沖基金的出現很大程度上降低了金融行業的投資風險，但它絕不是萬無一失的。這個世界上本就不存在萬無一失的決策，除非你什麼都不做。

你選擇跳槽，有可能一帆風順，也有可能一路不順；你穩定不動，有可能慘被裁員，也有可能幸被提拔。一切都是未知的。只是人都有趨利避害的本能，都會害怕未知的事物。做選擇是困難的，而在一路向前的時候，人往往會被利益所誘惑，從而放棄對沖風險的基本原則。

我太太就吃過這樣的虧。她曾經擁有一個很大的美國客戶，訂單一直很穩定，她也有長期合作的供應商，合作一直很順利。訂單最多的時候，甚至一度可以占據工廠六〇～七〇%的產能。

她偶爾也會擔心，覺得應該分散一下訂單，對沖一下風險，不能把訂單下在同一家工廠。但是工作忙到無暇他顧，合作也一直順風順水，她就麻痹大意了，本能地遵循固有的做法，而沒有刻意去改變。

結果，供應商買通了客戶的驗貨員和內部職員，撬走了客戶的訂單，又透過一系列的私下交易完成了直接合作，讓我太太這邊的生意直接歸零。

這件事情給了我們很大的教訓，那就是**處於順境的時候也需要特別警惕**，要學會對沖風險，防患於未然。

2

雞蛋不要放在同一個籃子裡，這句大白話我們都聽說過。大到國家，中到企業，小到個人，這種做法就是對風險的適當分散和規避。但知道歸知道，能不能做到並做好，就是另外一回事了。

自古以來，許多大家族的生存法則就是做風險對沖，以免因為選擇錯誤而導致整個家族湮滅在歷史長河中。

三國時，諸葛亮赫赫有名，是蜀漢的丞相，劉備的托孤重臣，是真正的中流砥柱。諸葛亮一路輔佐劉備和劉禪兩代帝王，才智卓絕，殫精竭慮，盡忠職守，留下兩篇千古名篇〈出師表〉，文人墨客感慨其忠烈無雙，也為其「出師未捷身先死」而潸然淚下。

從諸葛亮個人的角度看，他的確做了他該做的，為主盡忠，為國盡忠，為蜀漢江山奉獻了自己的全力，沒有藏私，也沒有隱瞞。可如果我們把這個著眼點放到整個諸葛家族，情況會如何呢？

南陽諸葛家族，到了諸葛亮這一代有三個兄弟都相當了不起。老大諸葛瑾在東吳身居高位，從長史、中司馬，到左將軍、宛陵侯，深得孫權的器重。虎父無犬子，諸葛瑾的兒子諸葛恪繼父親之後繼續掌握江東的軍政大權。老二諸葛亮，一代人傑，是蜀漢的「定海神針」，是三兄弟裡名聲最顯赫的人物。老三，也就是諸葛亮的堂弟諸葛誕，在魏國平步青雲，歷任禦史中丞、尚書、鎮東將軍、征東大將軍，是真正的實權派人物。別說征東大將軍了，就連低一級的鎮東將軍都是不得了的高官顯貴！要知道，曹操當年挾天子以令諸侯時，曹操的官職就是鎮東將軍兼司隸校尉、錄尚書事。可見，四征四鎮將軍已是武將的高峰，更何況再加碼升到大將軍。

這三位才華橫溢的人，長房選了東吳，二房選了蜀漢，三房選了曹魏。這就是諸葛家族的風險對沖，不管哪一房最後存續下去，都能帶領整個家族在亂世中生存。

3／

南宋末年，文天祥身為右丞相、樞密使、少保，是文臣之首，又以狀元之身，才華名動天下，跟陸秀夫和張世傑並稱「宋末三傑」。陸秀夫是左丞相，張世傑是樞密副使兼太傅。

蒙古大軍攻破杭州後，事實上南宋大勢已去，此時的金、西夏、吐蕃、大理，早已歸入元版圖，並已全方位包圍國土狹小的南宋，南宋不可能有翻盤的機會。

而文天祥等人依然堅持在抗元一線，屢戰屢敗，屢敗屢戰，從浙江退守福建，從福建退守廣東，直到文天祥被俘，陸秀夫和張世傑依然組織了南宋所有的殘餘軍隊，在廣州外的崖山海面上與元軍打了最後一場戰爭——崖山保衛戰。結果毫無懸念，宋軍再次戰敗，陸秀夫背著幼帝趙昺投海而死，張世傑帶著十一條船突圍，衝出崖山海面，想輔佐楊太后再立新帝。張世傑帶著流亡政府打遊擊，繼續抵抗，但是楊太后已經失去信心，跳海自盡，張世傑也隨之殉國。西元一二七九年，南宋亡。

那文天祥呢？在南宋亡國的前一年，也就是西元一二七八年，他在廣東海豐城外的五坡嶺兵敗被俘，隨即被押送至元大都。忽必烈多次招攬而不得，最終在大都將其處決。

那首轟轟烈烈的〈過零丁洋〉，就是文天祥在被俘的過程中寫的。

辛苦遭逢起一經，干戈寥落四周星。
山河破碎風飄絮，身世浮沉雨打萍。
惶恐灘頭說惶恐，零丁洋裡歎零丁。
人生自古誰無死？留取丹心照汗青。

文天祥寧死不降，忠於氣節，留下千古美名，在南宋滅亡後，情願求死，也不事二主。他是宋室的臣子，百官之首，若是投降，置前半生的苦戰和堅持於何地？天下讀書人如何看他？他又如何對得起那麼多年戰死沙場的袍澤？

而文天祥的弟弟文璧和文璋，卻在文天祥被俘之前已向元朝投降。文璧做了元朝的官員，而文璋選擇了退隱江湖，不過問朝政。

對於兩位弟弟的選擇，文天祥能理解，對他們並未苛責，也未要求他們必須為宋室殉國。文天祥對此總結道：「我以忠死，仲以孝仕，季也其隱。」

宋朝養士三百年，他為朝廷盡忠是對的。文璧出於孝道，當元朝的官員，保持家族一脈傳承，也是對的。文璋選擇退隱，同樣無可厚非。從家族的角度來看，文家三兄弟選擇了三條不同的路，同樣是對沖風險，以大局為重，保全家族。

4

明朝初年，徐達是追隨朱元璋的開國第一功臣。攻入大都，趕走元順帝的是他，擊敗王保保、絞殺北元勢力的也是他。

在明朝的勛貴中，徐達是當之無愧的第一人，被封為魏國公。徐家更是南京的將門之首，就連玄武湖都被算入徐家府邸，成為遂初園的景觀之一。

徐達死後，朱元璋下詔封他為王，以中山王的名義下葬徐達。而徐家後人世襲罔替魏國公的爵位，與國同休。說白了，只要明朝不亡，徐家的後代，一代一代都是魏國公，不降級。

本來徐家的發展在明朝一直很好，只要不造反，徐家絕對可以繁榮好幾百年，不管誰當皇帝，都會禮遇徐家。可沒想到的是，太子朱標死得早，朱元璋沒有傳位給其他兒子，而是直接傳給了孫子朱允炆，也就是建文帝。接下來就是史書上記載的建文帝部署削藩，燕王朱棣以清君側為名，發動靖難之役。

這時候徐達早已去世多年，繼承魏國公爵位的是徐達的長子徐輝祖。徐輝祖對建文帝忠心耿耿，不管是穩定朝廷內部還是領兵與朱棣軍在長江決戰，徐輝祖都盡了十二分的努力。哪怕後來燕軍渡江，徐輝祖仍選擇力戰到底，決不投降。

直到李景隆偷偷打開城門，迎接朱棣大軍進南京城，建文帝焚燒皇宮後失蹤，徐輝祖仍不投降，情願自閉於家中祠堂，不見外客，也不承認燕王的帝位。朱棣最終沒有殺他，而是將他削爵囚禁，讓徐輝祖的兒子徐欽做了魏國公。

因為徐家在朝堂的地位，因為徐輝祖的親姐姐是朱棣的皇后，也因為徐輝祖的弟弟徐增壽是朱棣的「鐵杆」[1]，從靖難之役伊始，徐增壽就一邊麻痹朝廷，欺騙建文帝，一邊不斷地給朱棣通風報信。

朝廷大軍屢屢戰敗，從老將耿炳文到年輕氣盛的李景隆，一次次被朱棣打敗，徐增壽的情報工作功不可沒。南京城被攻破前，建文帝忍無可忍，直接用劍手刃徐增壽於金殿之上。

後來朱棣進南京後，抱著徐增壽的屍體痛哭流涕。如果沒有徐增壽拚命支持，不斷透露朝廷軍隊的動向，讓朱棣繞開許多城池，直取南京，靖難之役或許要打得艱難許多，甚至無法取勝。

徐增壽死後，朱棣追封他為定國公，爵位由長子徐景昌繼承，同樣世襲罔替。徐家兩邊下注，最終得到了兩個世襲罔替的公爵。

5／

在歷史的洪流中，凡是碰到需要做選擇的時候，大家族往往會從整體利益考慮，從風險對沖的角度衡量，選擇兩邊下注或多邊下注。這對於我們的借鑒意義是，**要時刻從大局出發，考慮整體利益，控制和對沖風險，不能忽略小概率事件**。

從個人發展而言，創業是很好的選擇。但如果失敗，則有可能會導致家庭陷入困境。要對沖這種風險，夫妻店就不是一種好的選擇，一個人創業，一個人有穩定的工作，反而更加安全。

以商業合作而言，核心客戶當然要全力支援；邊緣客戶也不能忽視，同樣要與人為善。一旦大客戶出問題，或許這些零散的小客戶就成了公司的「救命稻草」。

簡而言之，就是要有第二套方案。我們當然希望儘量不要用到第二套方案，但是在危急關頭，能隨時有可替代的方案，才不至於出現最糟的情況。

1 意指關係堅定的盟友。

計深遠，不是想想而已，而是在很久之前就已經落子，哪怕是不起眼的棄子，將來也有可能得以妙用。

不懂捨棄，如何對沖風險？

不願損失，如何換來收益？

1

不要高估對手，也不要低估自己

刷朋友圈時看到一條動態：幹掉客戶合作十年的供應商是什麼體驗？我給這位朋友評論：值得慶功。為她高興的同時，也不由感慨萬千。很多時候，強大的對手並不是無敵的；弱小的自己或許遠比想像中強悍。

客戶有穩定的供應商，並合作愉快，這對於我們做外貿的人來說絕對不是一個好消息。若這個供應商的公司比我們所在的公司大，產品比我們好，價格比我們低，團隊比我們強，幾乎占據了方方面面的優勢，這會讓我們更加絕望。

對手如此強大，對我們形成了全方位的碾壓，我們該怎麼辦？該如何破局？難道要放棄這個客戶，避免跟強大的同行競爭？

沒用的，換成其他客戶，同樣會有競爭對手，而且也一定有比我們強的，難道見一次躲一次？那樣的話，公司永遠不會發展，自己也永遠不會成長。

我們要思考的是，大公司有大公司的經營方式，小公司有小公司的生存策略。說直接點，就是「蛇有蛇路，鼠有鼠洞」，雙方不見得非要在同一個地域火拚，這樣完全沒有必要。說得「流氓」一些，就是「你跟我講道理，我跟你講武力；你跟我講武力，我跟你講道理。」

談判也是一樣，哪怕我們碰到了強大的對手，也要設法找到自己的賣點和定位，去爭取合適的客戶。因為實力不對等，沒有辦法正面競爭，只能設法營造不對稱競爭，透過差異化來完成合作。

市場無限大，各種各樣的企業存在於市場發展的每一個階段。大多數行業是不存在一家企業通吃全部的情況的。哪怕頭部力量再集中，金字塔的中部和底部仍有無數的機會，仍有無數的人做得很好。

2／

很多朋友並沒有這樣的意識，往往因對現狀不滿而變得無比悲觀。我經常收到類似的留言，其中一條大意是這樣的：

我不知道未來的出路在哪裡，不知道怎樣把業務做好，覺得很迷茫。第一，產品很普通，沒有特點和附加價值；第二，工廠是小工作坊，沒有現代化的廠房設備；第三，沒有專業的團隊，辦公室內僅僅有幾個人而已；第四，公司沒有什麼系統化的培訓；第五，產品價格也不算好，不算太便宜。

看到這裡我不由歎了口氣，自己都不認可自己的公司，對產品和價格沒有信心，又如何有足夠的信心面對客戶的侃侃而談，應對同行的競爭呢？

沒有特點，就要自己設法挖掘、錘煉、找差異化，而不是守株待兔，等著機會從天上掉下來，或者等著別人告訴你該怎麼做。

從另一個角度講，產品普通，可以說產品已經是成熟產品，品質穩定，適合常規銷售，你可以作為客戶的備選供應商。

工廠破舊，可以說工廠把有限的資金都投入在產品和運營方面，不會用客戶的錢去把廠房弄得閃亮，把辦公室裝修得華而不實。

團隊弱小，可以說員工講誠信，職業素養好，公司不雇傭舌燦蓮花的所謂的金牌業務員。你們的企業文化是對客戶有一說一，坦坦白白。

培訓缺失，可以說是員工在實際的工作中練習和試錯，比單純的培訓要好得多。

價格沒有優勢，可以說廠家不會為了節約成本而犧牲品質。你們的產品沒有大牌的極高品質，也沒有很多同行的極低價格，但是你們能做到的是讓價格可靠，不會給品質抹黑。

3／

不同的思維方式和談判方法，可以讓同樣的事情得到不一樣的結果。說句玩笑話，就是「你跟我談價格，我跟你講品質；你跟我談品質，我跟你講靈活；你跟我談靈活，我跟你講專業；你跟我談專業，我跟你講情懷」。

任何事物都有兩面性。優點在某個情景下會變成缺點，而缺點在某個情境下反而會變成優點。強悍的對手或許無懼你的正面競爭，但根本無法全面對抗不同維度的競爭。

可口可樂有多強悍？百年品牌，經久不衰，團隊強悍，資金強大，能吸引大眾消費者，簡直就是可樂行業的無敵存在。百事可樂如何與之競爭呢？

從表面上看，百事可樂沒有任何優勢可言。那百事可樂是怎麼做的呢？它採用的是場景轉換的策略。可口可樂是百年品牌，代表了經典，但同樣代表了「老舊」，所以百事可樂主打的是「年輕化」，把自己包裝成「年輕人的可樂」，然後用各種行銷手段全方位地讓這種形象深入人心，果然開闢了另外一塊細分市場。

如果百事可樂採用傳統競爭策略，如價格競爭（可口可樂賣三美元，百事可樂賣二．五美元）、廣告競爭（可口可樂砸多少廣告費，百事可樂砸更多）、品質競爭（可口可樂口感好，百事可樂就要宣傳自己的口感更好）、管道競爭（可口可樂給管道商多少利潤，百事可樂給的紅利更多）、人員競爭（可口可樂的專業員工很多，百事可樂就雇傭獵頭大量挖牆腳），那麼可以斷言，百事可樂根本活不到今天。

4

很多年前招聘外貿業務員時，我看到一份很有意思的簡歷。表面上看，這個應聘者不具備任何優勢，畢業才一年（工作經驗不足），上一份工作一般（工作經歷不夠），英文水準不佳（連四級證書[2]都沒有），業務能力平平（上一份工作只做了不到三萬美元的業績）。本來應該被淘汰的，但是他的簡歷和面試表現扭轉了我的看法。我錄用了他，刷掉了不少專業高度符合的競爭者，因為他是這樣描述自己的：

第一，他有很強的可塑性。

第二，他可以適應不同的工作環境，抗壓能力強。

第三，他注重實際應用，自學能力強，可以直接透過郵件來證明能力。

第四，他獨立做業務四個月，開發了六個客戶，十七個有意願客戶已寄樣，潛在客戶有九個。

憑藉這連消帶打的能力，他既可以展示一個真實的自己，又能給對方物超所值的感覺，這才是水準，是真本事。

---

2 中國檢測大學生英語能力的試驗為「全國大學英語四、六級考試」，根據規定，四級屬一般水準；六級則是較高水準。

所以我想告誡大家的是，當你還不夠強大的時候，沒有必要妄自菲薄，悲觀和抱怨根本無法解決你的現狀。以下駟對上駟，靠的不是一腔熱血，而是設法重新定位，重新挖掘優勢並包裝自己，從而營造出不對稱競爭。

不同的場合，不同的前提，結果或許就會變得不一樣。

不要高估對手，也不要低估自己。

Chapter 5

階層逆襲打怪升級，怎麼做？

無端卻被秋風誤

賀鑄〈踏莎行・楊柳回塘〉

為什麼比你「差」的人混得比你好

1／

每年到了「金三銀十」[1]這兩個招聘旺季，我的微信、微博等都會收到不少關於找工作方面的問題。

雖然每個人的情況不同，經歷不同，但是大家混跡於職場，很多事情是可以找到共通點的。說白了，你一直以來大惑不解的問題，往往也是大多數人的疑惑所在。比如，為什麼能力不如我的人工作比我好？為什麼我完全匹配招聘要求，卻拿不到面試機會？為什麼面試過程中我明明很實在，反而卻被刷掉了？為什麼我拚死拚活工作，卻連好的機會都碰不上？

總而言之，大多數求職者忽略了一個問題，就是**「資訊不對稱」**。除非你是某個行業的大咖，或者是非常了不起的名人，在業內聲名顯赫，不用自己表達，求才若渴的老闆就會伸出橄欖枝。

對於大多數人，你的能力和價值或許你自己知道，或許你前老闆和前同事知道，但是你應聘的用人單位根本不認識你。能力不如你的人工作比你好，擁有高薪厚職，這是用人單位的遺憾，錯失了你這個人才。可問題是，你如何展示自己的能力和才華，才能讓對方知道你的價值？沒有做好這一點，就是自己的失職。

你覺得自己完全匹配招聘要求，但沒有拿到面試機會，原因就是面試過程中存在很多變數，你擁有無數競爭對手。好的職位本來就少，但是應聘者眾多，你如何確保企業HR在海量的求職簡歷中一定會被你吸引，而不是被別人吸引？

你覺得面試過程中自己很「實在」，卻沒想到被刷掉。或許是因為別人的某些特質打動了面試官，而你的「實在」卻會讓別人感覺你不懂職場規則，你的魯莽容易得罪人，不利於跟團隊成員相處。

你覺得自己拚死拚活工作，很努力、很用心，卻沒有得到上天的垂青和眷顧，好的機會都跟你擦肩而過了。我想說的是，**我們需要腳踏實地，也需要仰望星空**。機會不是你想要的時候就能突然降臨到你面前，而是需要你長期地留意和觀察，不斷去爭取。在職場上，我們要把自己當成一件商品，保證品質的同時也需要口碑，包裝、文案、宣傳同步到位，才能打動潛在客戶。

2／

招聘方瞭解你的第一途徑就是閱讀你的簡歷。如果你既非名人，又非業內響噹噹的人物，對方不認識你很正常，所以在看你簡歷的過程中，對方不會對你另眼相看，也不會突然發現你身上的發

1 中國每年三、四月；九、十月是求職高峰期，許多大型招聘都會在此時舉辦。

光點。

我也看過不少人的簡歷，但說實話都非常一般，根本沒有讓人瞭解或者進一步溝通的欲望。現在的HR一天能看無數份簡歷，早就練就了火眼金睛，我自己也一度親自負責過公司的招聘工作，所以在這方面還是有些經驗的。

坦白說，大多數人的簡歷，如果把名字和個人資訊蓋上，內容往往大同小異，根本認不出來誰是誰。說得直接一點，就是毫無亮點，只是簡單地記錄自己在哪裡工作過，做過什麼職位，具體負責哪些事情，順便灌個水，吹噓一下自己。

既然大多數人的簡歷都差不多，那你憑什麼會認為自己應該被選中，而不是別人被選中？這就是為什麼爭取一個好公司的面試機會很難，因為你連第一關都沒有闖過。哪怕你能力很好，但是你不會表達，別人就無法很好地瞭解你，因此就會錯失英才。

簡歷究竟該怎麼做，這是一門大學問，關係到簡歷的內容架構、文案編排、邏輯順序、視覺效果、文字處理、要點綜述，以及應聘者核心能力的展示、差異價值等，豈是網上一抄一籮筐的所謂簡歷範本能搞定的？哪怕有簡歷模版特別精緻，內容特別好，特別有參考價值，也不會很輕易地在網上找到。如果你能找到，那麼別人也能，這樣的話，就會有鋪天蓋地的同款簡歷出現，你又如何能脫穎而出呢？

由此可見，萬能的範本是不存在的，要把簡歷做好，就要做出價值和差異化來，做得讓人心動，讓人恨不得找你來當面聊聊。千萬不要盲目照搬照抄，否則純屬浪費時間。

說到這裡，或許很多朋友已經明白我要表達的觀點：很多時候不是你的能力不行，不是你的工作經驗不夠，而是你根本不會做簡歷，你把珍珠當成白菜在推銷了。

正因你的簡歷沒有亮點，才讓人在點開你簡歷的瞬間就有關掉或刪掉的衝動。你根本不會推銷自己，所以被淘汰的機率自然是非常高的。

你的實力、價值、能力，是已經存在的東西，你要做的就是把八〇%的精力放在簡歷的製作和面試技巧上，而剩下的二〇%就靠運氣，憑藉良好的心態和出色的臨場發揮來影響最後的結果。

3／

在我的觀念裡，要做好一份出色的簡歷，首先，簡歷內容一定要高度匹配應聘的職位；其次，必須將之前的工作成果和工作能力突出和量化，讓人一眼就能抓住主題，而不是平鋪直敘，還要指望看的人從中領悟和發掘出東西來。

不少朋友寫簡歷時，尤其是寫最需要著墨的工作經歷時，根本不會寫，或者寫得慘不忍睹。

下面這種例子就是常見的錯誤寫法，卻被很多所謂的範本當成範例。

上海××有限公司，外貿業務員，二〇一七年九月到二〇二〇年六月。

負責公司外貿訂單的開發，能獨立跟單、採購，完成相關單據、憑證工作，得到長官的一致好評。能操作Alibaba（阿里巴巴）和Globalsources（環球資源）等相關B2B（企業到企業）電商平臺，能熟練使用Office軟體，能用Photoshop處理簡單的圖片……

很多人都會這麼寫，但是，大多數應聘者都操作過這些電商平臺，會用Office軟體處理工作，這其中唯一的亮點或許就是會一點Photoshop，但是這看起來依然很單薄。這個人應聘的是外貿業務員或者外貿業務經理的崗位，如果我是用人單位，我根本看不出我有招聘這個員工的必要，也無法從他過往的經歷裡看出他的能力和價值。也就是說，他究竟取得了什麼成績？不知道；他的成長經歷和能力是什麼？不知道；他是否勝任這份工作？不知道；他的平臺操作能力如何？不知道。所以這就註定了這是一份失敗的簡歷，是很典型的反面教材。

我們真正要做的是從用人單位的角度思考問題，思考對方需要什麼樣的人才，我們有什麼有說服力的東西，如何把過去的工作用幾句話或者幾個關鍵詞濃縮，如何一層一層地展現自己的優勢和特質，如上一份工作成交了多少業績、開發了多少新客戶等。

有朋友曾經跟我說，他的工作經驗很少，上一份工作僅僅做了九個月，能力和經歷都很單薄，也沒有開發出像樣的客戶，覺得簡歷不管怎麼寫都不好看。

我詳細瞭解了他的情況，跟他反覆溝通後，給他的簡歷做了一次徹底的改變，在工作經歷模組我是這麼改的。

在××公司擔任業務助理和業務員兩百七十三天；
擔任業務助理十七天就被迅速提拔，可以獨立工作；
工作三十五天，接到第一個樣品單；
工作四十四天，獨立開發了第一個客戶；
工作六十六天，接到了第一張試作訂單；
工作一百零六天，拿下了第一張正式訂單，金額為一萬三千五百美元；
……

提煉主要內容和價值，然後做整合，把內容一條一條量化，視覺上的衝擊力比平鋪直敘要強烈許多。原本只有九個月的工作經驗，運用完全不同的描述方法，就立刻變得十分飽滿了。

這樣一份簡歷，工作成績和相關經歷一目了然，在一大堆無趣的簡歷中很容易脫穎而出，被用人單位發現。

最後，他成功入職業內一家知名的上市公司，收入比原先增長了大約一．五倍，連他自己都覺得不可思議。

如果是有更多經驗的業務員，如已經工作兩三年的，那麼可以寫的就更多了。關鍵在於如何總結和架構，如何突出要點，如何分析優缺點，如何跟大多數人做得不一樣。

4

一旦過了簡歷這一關，接下來就是面試了，這也是找一份好工作的重中之重，屬於臨門一腳的環節。面試談得好、表現出色，老闆會在談判過程中調整薪酬方面的預期，也調整你的工作方向。但很多人在面試的時候會陷入一個誤區，就是過度吹噓自己。

做銷售的或是做採購的，往往喜歡把業績作為吹噓的籌碼，以為這樣做就能讓人高看一眼，這顯然是大錯特錯的。**很多東西經不起推敲，越是吹噓，反而漏洞越多**，只會引起別人的猜疑，讓人對你的誠信產生懷疑。

面試官或許會想：「你一年那麼多訂單，那為什麼要跳槽來我們公司？」「既然你收入不錯，幹得好好的，那為什麼要離職？」「就算業績是真的，那是不是因為你品行有問題才離開了原來的公司？」

只要是編造出來的謊言，基本上是經不起驗證的。稍微有點經驗的面試官根本無須對你做背景調查，只需拿幾組開放式的問題來提問，過不了幾個回合，你就會露餡。

還有一種人，簡歷做得很好，面試表現不錯，形象和談吐也不差，說的也都是實話，經驗和能力都比較實在，照理說，被錄用是很自然的事情，可他們有一個特質，這也往往是被大多數公司拒絕的原因，就是「太實誠」了。

談到前公司時，有些人將各種不滿掛在嘴上，把自己的抱怨、憤怒和盤托出。這樣做是完全沒有必要的。你抱怨前東家多麼苛刻，前老闆不守承諾，剋扣分紅，前公司加班無數，也不會因此而得到面試官的同情。因為你來面試是為了贏得這份工作，而不是獲取別人的同情，這一點必須要弄清楚。

你越是大吐苦水，越容易適得其反，讓面試官對你必生厭煩。對方會覺得你這樣一個充滿負能量的人，一旦被招進公司，將來說不定也會在別人面前抱怨現就職公司，把公司風評弄得很差。綜合考慮下來，即使你的能力不錯，業績也不差，各方面的經驗都匹配，但有可能成為團隊中的攪局者，甚至成為問題製造者，反而會讓整個團隊的氛圍變得不和諧。

最終的結果就是放棄你。

5

再說一個我親身經歷的事情。

當年我從原公司辭職，去面試一家外企。離職的真正原因是原公司老闆剋扣工資，到了年底，許諾的分紅一分錢都不給。

我對前老闆的言而無信自然非常失望，也很受傷。縱使我有再多的不滿，也絕對不會在面試的時候向面試官抱怨這些。面試官不是我的鐵杆兄弟，沒有義務聽我這些抱怨。他是給公司招人的，不是做心理醫生來安慰人的。

我的目的是找到一份更好的工作，證明我的能力和價值。所以當面試官問我為什麼離開原公司的時候，我用了另一個策略——**捧！**

對，就是「捧」，大力誇獎我的前公司，極力吹捧我的前老闆，同時順帶證明一下自己的能力。我當時是這麼對HR說的：

前公司對我非常好，在我還沒有工作經驗的時候給了我不少機會學習和試錯，給我時間積累和發展。

老闆教了我很多東西，只要他去國外參展或拜訪客戶，都會帶上我。所以我在過去的三年裡我總共參展二十三次，去過十六個國家，老闆一路栽培我做到了業務經理。

除此之外，他還給了我極大的支持，我可以放手去開發客戶，制定業務管理制度，並在現實中修正和磨合，這幾年的工作經驗直接提高了我的業務能力和管理能力，所以我有信心坐在這裡，應聘這個經理職位。

不過十分遺憾，我不得不離開原公司，是因為公司前幾年的過度擴張，給了很多客戶非常優厚的付款方式，為公司埋下了很大隱患。而荷蘭兩個大客戶突然倒閉，導致公司的經營情況十分地艱難。

也正因如此，我這兩年沒有拿到一分錢的分紅。我本應該跟公司共渡難關的，但我也有我的現實困難，我也需要生存，需要賺錢養家。為了感謝老東家過去對我的栽培，我離開公司前也給予了他們最後的支持，過去兩年的分紅我都不要了，就當最後再幫老闆一把。

我希望他可以儘快好轉，東山再起，我會像兄弟一樣給他祝福。

這就是虛實結合，坦白說出自己要多賺錢的目的，這個大家都可以理解，所以換工作，重新開始，邏輯上順理成章。

說白了，面試也是一種談判，也要看個人的表達水準和溝通能力。只有職業技能是不足以在應聘者中脫穎而出的，還需要有相應的情商才行。

6

我沒記錯的話，應該是在二〇〇八年，當大多數人還在用Word文檔做簡歷的時候，我已經開始用PPT，將簡歷做成精緻的展示幻燈片，去應聘五百大企業了。

因為我曾經發現，跟客戶接觸時，我們需要用幻燈片來做專案展示，讓客戶多方位、多角度地瞭解我們的公司和優勢，那為什麼不能把這套思路放到自己身上，把簡歷也做成幻燈片形式，全方位展示自己的優勢和特點，順便再秀一把自己的PPT底子，讓外企招聘方刮目相看呢？

當時很多背景好、學歷高、能力比我強的應聘者都一輪一輪地被刷下來了，我成為被留下的幸運兒。是我真的很厲害嗎？不是的。其實大多數人都能勝任這份工作，只是我用了一些技巧，在平平無奇中展示出那麼一點不同，引起了面試官的興趣罷了。

很多事情你覺得簡單，如寫簡歷這回事，一頁紙或者兩三頁紙就能搞定，網上隨便找找範本，然後照搬過來修修改改就行。錯了，大眾化的東西往往缺乏個性，缺乏說服力。一些免費的、大家都能看到的東西，反而會浪費你大量的時間去修改，在一開始就給你設了不少限制，甚至嚴重影響了你的思維方式。

如果你是超級人才，那麼你的簡歷怎麼寫都行，不美觀、沒特點都沒問題，甚至沒空寫簡歷，郵件裡隨便寫幾句話都可以被順利錄用。但如果你還沒到這個層次，就請用心、用心、再用心，好好包裝自己，至少讓別人感受到你的專注和誠意，這樣總比隨意和將就強得多。

正如梁啟超所言：「無專精則不能成，無涉獵則不能通也。」

惹人反感的真實原因

1

你有這樣的遭遇嗎？當你詢問一個很簡單的問題時，對方蹦出一大堆看似專業的詞彙，把簡單的問題複雜化，導致你一點都聽不懂。

所謂的專業用詞、專業術語，其實要在特定場景下針對特定受眾才會用到，否則只會讓人一頭霧水，甚至讓人覺得你很奇怪。

「我下午陪客戶 high tea（喝下午茶），然後帶他去酒店 check in（辦理入住），晚上跟他在行政酒廊開會，你這邊要 stand by（隨時待命），我有事情會隨時找你。」如果是在企業裡上司對助理或者下屬說這一段話，那麼這個場景就很正常。對於平時工作中每天跟英文打交道的外貿企業或外資企業，這種夾雜中英文表達的方式，說的人和聽的人都比較習慣。

可如果這段話是跟家裡的保姆說的，就會變得很奇怪。換一種正常方式才會顯得自然，比如說：「我下午陪客戶去吃點東西，然後送他去酒店辦理入住，晚上還要跟他開會，事情挺多的。你這邊留意一下電話，到時有什麼事情我可能會給你打電話，辛苦了。」

那些所謂的「專業詞彙」，僅僅對於瞭解和熟悉它們的人有用，其他人未必能明白，因此最好用平實簡單的語言迅速表達你的意思，這就是**換位思考**。同一件事情，對不同的受眾來說，需要用不同的語氣和不同的表達方式來溝通。

在工作中也是一樣，我們不要總是把問題複雜化和專業化，而是要多考慮對方的感受和實際的需求。我們不應該為了炫技而忘記工作的本質，即**為客戶解決問題**、**處理麻煩**，而這當然需要化繁為簡，越簡單越好。

2

很多年前公司調動崗位，讓原本負責汽配類產品的我，轉為負責戶外家具的採購專案。這對我而言是一個全新的產品線，需要一些時間熟悉產品，也需要熟悉這個領域的供應商。

某天，我要對浙江台州某家工廠的一款特斯林材質的戶外沙灘椅進行詢價。我看了它的網站，有很多款式的產品可以選擇，我就打電話簡單說明了自己的公司和負責的專案，請對方推薦一些適合美國市場的款式，也幫我報一下價格。在電話那頭，這家工廠的業務員馬上說：「我們的產品都可以出口美國的，你可以去我們網站上看，看中哪幾款，我給你報價。」

我耐著性子憑感覺隨便挑了幾款，對方馬上又問：「你要管徑多少的？壁厚多少？特斯林的經緯度要求多少？電鍍的厚度要求多少？」

這些問題真的是問到我的知識盲區了，我一個都回答不上來，剛想要對方給點建議，說說差別在哪裡，其他美國客戶會如何選擇，但是話還沒說，業務員就來了一句：「你什麼都不知道，我怎麼報價？你是採購傢俱的嗎？一點都不專業。」

到這裡，我真心覺得大家的思維沒在一個點上，無法勉強，也溝通不下去。我匆匆寒暄幾句，表示我拿到更多資料後再聯繫，隨即掛斷了電話。我其實明白，這個供應商我是不會再跟他打交道了，不會有以後。我不認為他是在展示他的專業性，我只會覺得他是在嘲諷我的無知，是在故意刁難我。

3／

這個業務員錯了嗎？難道他對產品和行業不瞭解、不夠專業？當然不是，他肯定比我懂產品，懂細節，但是專業並不僅僅是針對產品的。一個專業的業務員，是要根據客戶的情況有針對性地給出合適的建議。在客戶還不瞭解產品的情況下，要用最簡單、最直接的語言介紹產品的特點和相應內容。

每個人都有自己的困難和知識死角，這太正常了。如果你去吃飯，廚師非要問：「你點的水煮肉片辣椒要放多少克？花椒放多少克？鹽放多少克？」你會不會覺得這廚師腦子有問題？你也許會想，我是來吃飯的客人，又不是廚師，為什麼要瞭解這些？廚師不能因為自己對產品專業，就認為別人也一樣專業，認為別人可以和他在同一層面溝通技術性問題。

正常的廚師當然知道這些知識，但是跟顧客溝通時就要變成：「您能吃辣嗎？中辣如果吃不消，我就做成微辣吧，大部分客戶會點微辣；鹽我也少放一點，不做太鹹了，太地道的四川口味怕您吃不慣。」

這一整套溝通方式就變成站在顧客的立場探討問題。客戶會覺得這個廚師不錯，會尊重我的口味，然後有針對性地調整菜品。

很多年前我在紐西蘭第一次接觸到麥盧卡蜂蜜，是在一個韓國小哥開的店裡。我問他蜂蜜價格的時候，他跟我說：「這邊有UMF5、UMF10和UMF15三種蜂蜜，代表了蜂蜜裡麥盧卡的抗菌物質的含量。而麥盧卡是紐西蘭當地特有的一種樹，這不是從百花或者特定的花中採集的普通蜂蜜。」

「這三種不同的UMF指數，對應的蜂蜜品質是不一樣的。比較大眾化的是UMF5，就是平時常規喝的蜂蜜，性價比是最高的。而很多腸胃不太好的客戶喜歡買UMF10的，覺得有調理腸胃的作用，這款也是店裡賣得不錯的。UMF15是價格最高的一款，甚至可以直接當作藥用，胃病比較嚴重的可以試試這款。」

他這麼一說，我立馬就明白了這三款蜂蜜的差距在哪裡，然後決定購買UMF10的。這才是真正的專業，用幾句話就把消費者不明白的事情說得清楚透徹。

4

對於不同的客戶，我們要瞭解相應的情況，用平實的語言設身處地為客戶考慮，而不是坐在辦公室裡用自己的思維揣測客戶的心思。

財務總監坐在辦公室裡，邊塗指甲油邊跟業務員說，你跟客戶商量一下，三成定金太少了，要付五成定金，否則對方取消訂單的話我們損失會很大。這就是完全從財務角度出發的，站在自身立場衡量的相對安全的付款方式，但她不瞭解業務部門面臨的問題和困難，不明白業務員接單和談判的痛苦。

劉潤曾經講過一個有趣的案例。他一九九九年去微軟做工程師，公司安排他去客服部接一週的電話。他一開始不理解這個安排，他是工程師，為什麼要去客服部門工作？等他真去了，才發現了意料之外的「新大陸」。

客戶打電話進來，詢問電腦上的茶杯托盤怎麼合不上了，劉潤很疑惑，回答說這裡不賣電腦，也沒有茶杯托盤。溝通下來才發現，客戶說的是光碟機……

如果從專業角度考慮，微軟做的是作業系統，是軟體，一個工程師思考問題都會從軟體方面入手，從專業的角度打磨產品，迭代更新，可消費者能完全理解這些專業問題嗎？自然不能。如何跟客戶接地氣地交流，探討真實的需求，解決售後問題，才是專業人員需要思考和努力的。

再看阿里巴巴國際站的前任CEO衛哲。當時阿里巴巴的很多員工都對他很反感，總是在言語中稱他為「那個人」。衛哲來阿里之前是赫赫有名的跨國公司百安居的中國區總裁，西裝革履，衣冠楚楚，打著領帶，開一輛綠色的捷豹轎車，一副成功人士派頭，說話中英混雜。這就是外企高階主管的形象，從內到外都透露著專業，展示著自己的氣場和精英身分，工作時遊刃有餘，氣度雍容自然。

那個時候的阿里巴巴遠沒有今天的規模，僅僅是一個處於發展階段的網路企業。阿里B2B部門的銷售員被稱為「中供系」，他們大多穿著T恤和牛仔褲，帶著資料、背著雙肩包，頂著太陽去郊區一家家外貿工廠和小工作坊拜訪，去市區一棟棟辦公大樓「掃樓」。這些敢闖敢拚的普通銷售員，學歷普遍不高，英文也僅限於說幾個單字或幾句話，跟衛哲完全是兩個世界的人。所以衛哲的專業素養和精英形象，在這一大群下屬面前就顯得格格不入。

雙方都沒錯，都有自己的堅持和理想，都有自己的世界和格局，只是彼此的立場不同，所以出現了距離感。衛哲也發現了這個問題，後來的他開始不穿正裝，而是習慣穿Polo衫和T恤，還會時不時地自黑一把，跟下屬們打成一片，嘗試理解他們的想法，於是他們之間就有了越來越多的共同語言。

6

專業是好事情，這是自身的職業素養，是對工作的尊重。但我們要注意立場和場景，要明白跟人打交道的本質，不能總用自己的標準和理解去看問題，否則會拉開跟下屬、同事、客戶的距離。

展示專業很有必要，但必須適度，不能出於炫耀的目的而讓別人覺得尷尬。

做工作不是要你「掉書袋」，或是用高級的詞彙故作高深，而是要你透過自己的知識積累和認知，把複雜的事情用最簡單的話描述出來，讓普通人和外行都能聽懂。

你的表達要跟客戶在一個頻道上，要跟客戶的思維接軌，要「接地氣」。說得直接一點，就是「學會說人話」，而不是滿口自以為是的專業術語，讓人皺眉且頭疼。

適可而止，收放自如，從與人的接觸和溝通中隨時捕捉隻言片語的資訊，調整自己的說話方式，這才是大智慧。

你的好意也要適度

1／

我一直都難以理解，為什麼有些人並不虧欠他人，對別人也沒什麼要求，卻要低聲下氣去討好對方。

小強是我在外企工作時的一位同事，在公司裡有著出人意料的好人緣。似乎任何人，只要跟小強一接觸，都會覺得這個男生憨厚、懂事，覺得他能幫助大家解決各種麻煩事。

想喝下午茶了，叫小強給大家買。那時候還沒有外送類點餐APP，買下午茶是要頂著烈日跑到店裡買，然後大包小包拎回來的。

晚上有貨要裝櫃，但懶得去盯供應商，就把資料以郵件形式發給小強，他包准會跟進得妥妥當當。

客戶午夜降落浦東機場，接機和送客戶回酒店的任務自然都落在了小強肩上，小強從來沒出過岔子。

有同事過生日，從訂蛋糕到準備禮物，再到安排晚宴，所有的事情小強都能夠獨立解決。

只要是不想做的事情，包括解決細枝末節的問題或者瑣碎的文書工作，都可以扔給小強處理，他都能笑呵呵地搞定。同事間一度給小強起了個綽號，叫「專家」。意思是，各種事情一到他這裡，他都能設法辦妥，不存在搞砸的情況。

2／

我一開始也以為同事間有這麼一個開心果，還能幫助大家解決困擾，這是很好的事。後來我慢慢發現，事情沒我想的那麼簡單。

有一次小強的母親從河南老家來看他，他很開心，帶了好多吃的給同事們，都是母親從家裡帶來的。小強還特地跟主管說，最近三天都不加班了，到下班時間就收拾東西回家。

主管笑著答應了。

下午六點整，小強剛跟鄰桌的我打完招呼，準備關電腦下班時，另一位同事跑過來跟小強說，她這兩天不舒服，不去深圳拜訪供應商了，想讓小強代她去，還要小強第二天早上順便把貨驗了，中午裝櫃。

看得出來，小強是不想去的，他明顯猶豫了一下，可話到嘴邊還是變成了「好的，沒問題，我現在就訂機票，今晚就出發。」其實這位同事是另外一個組的，跟我們組沒有交集，而且只是採購助理，而小強是公司老員工，是多年的採購代表。

還有一次，小強要去香港出差，參加四月份的禮品類展會，辦公室幾位同事就起鬨：「去香港要給我們帶好吃的小熊餅乾啊，別忘了！」小強笑著答應了。

展會開了整整五天時間，小強為了讓同事們早一點吃到小熊餅乾，特地早一天排隊去買了好幾盒，然後為了節約快遞費，從紅磡坐港鐵到深圳羅湖口岸，將餅乾快遞回了公司。因為從香港直接寄快遞，費用會高很多。

一收到餅乾大家就在公司裡打開分著吃了。這時候又有不和諧的聲音傳來，有兩個同事在一旁竊竊私語，說小強太不會辦事了，打包都沒有用氣泡袋包裹嚴實，好多餅乾都碎了，而且還說小強貪便宜，找了普通的快遞公司，應該直接寄順豐的。

我心中頗為不平，別人不欠你們，幾盒餅乾都上千元了，你們不僅沒出錢，還挑三揀四，誰出差還帶著一大堆氣泡袋過去？還要人家倒貼更多錢寄順豐，就是為了讓你吃得更開心嗎？小強不是你們的下屬，憑什麼要拍你們的馬屁，要受你們這些冷言冷語？

3

壓垮小強的最後一根稻草是另外一件事情。小強那一組有一個高級採購代表的職位空缺，小強滿以為這是他的囊中之物。他在公司六年了，經驗豐富，資歷也夠，可上司突然決定，把這個升職的機會給了一個入職不到半年的新人。

小強徹底崩潰了，他在這六年裡一次次謙讓，一次次把升職的機會讓給同組的同事，整整六年他只加了兩次薪水，如今整個組他資格最老，工作能力也扎實，長官依然不給他升職的機會，而是給了一個工作才幾個月的應屆生，他怎麼都想不通。

主管跟小強解釋，那個新人剛入職就想辭職，所以以升職來挽留一下，這次的升職機會就給新人，下次再考慮給小強。最後主管還補了一句：「你都六年沒升職了，也不急於這一時，再耐心等一年，我再跟公司爭取一下。」

小強這次算是死心了，他什麼都沒說，直接給高層寫了辭職郵件，把需要交接的工作內容整理成檔，燒錄好光碟上交，就頭也不回地離開了。從決定辭職到離開，只用了不到二十四小時。

走的那天小強跟我說，其實他沒有好人緣，一切都是他自己想像出來的。他覺得自己用心待人，終究會有回報。但事實上，職場上許多人都是利益為先。他考慮別人的感受，討好每一個人，但別人從不在乎他的想法，不曾關注過他。

小強苦笑道：「雖然很多人當著我面叫我『專家』，其實我知道，他們背地裡都叫我『垃圾回收站』。」

後來我聽說小強回老家工作了，還換了手機號碼，跟大家斷了聯繫。從那以後，我再也沒有見過他，也沒有聽到任何跟他有關的消息。

今天偶然想起，就把他的經歷寫了出來。這些回憶帶給我不少感觸。小強為人不錯，是討好型人格，注意別人的感受，把大家都照顧得開心妥帖，這是好事。可在小強身上，這份好意太多了，隨意給予而不懂拒絕，當誰都可以差遣他辦事，誰都習慣找他收拾「垃圾」的時候，他的存在感就變低了，沒有人會把他當回事。

因為他什麼都可以將就，什麼都可以接受，所以當碰到利益衝突的時候，別人首先想到的就是犧牲他的利益。僅因為他計較的少，忍耐的多。

我們經常聽到一句話：「會吵的孩子有糖吃。」有的人因為會跟上司抱怨，會跟長官爭取，會跟同事抗議，別人就會認為這個人不好惹，反而會重視他的感受，不會輕易動他的乳酪。

反之，埋頭苦幹但從來不提要求，公司如何安排都順從接受的人，往往就成了被犧牲的物件，會被要求顧全大局。

善良可以，但還要有鋒芒；好意沒錯，但終究需要適度。

不懂拒絕，被傷害的往往是自己；遷就別人，時間長了會變成負擔。

做好自己吧，別想著讓每個人都開心，那樣只會讓自己痛苦和糾結。你的好不是理所當然，也不是每個人都受得起。

如今還適合做外貿嗎？

1

一個偶然的機會在知乎上看到一個問題：「如今還適合做外貿嗎？」提問者說，他以前做外貿，身邊人都說不好做，他也感覺做起來很辛苦，業績的確一般。後來他發現跨境電商成了熱點，於是果斷轉行，用過去的經驗換得了平穩過渡，希望有機會賺點錢。做了跨境電商後他又發現，做這個的企業大部分是中小企業，制度不健全，主要依靠平臺，發展很受限，也沒有見老外的機會。而他認為，自己還是更喜歡直接跟外商打交道，因此便想回到外貿行業。但是他又聽別人說外貿如今不好做，所以他陷入了迷茫，難以抉擇，生怕選擇錯誤。

我相信這不是個案，而是很多人的困惑。

評論中有很多熱心朋友給予了答覆，有些是親身經歷的感慨萬千，有些是過盡千帆的娓娓道來，有些是道聽塗說的指點江山，有些是好為人師的大放厥詞。恍然間我感到這就是職場，有各色人、各種感受，一樣米養百樣人。

我也收到了這個問題的作答邀請，但是我不想回覆，因為要把這個問題說透，其實很難。這是一個大課題，哪怕我用大篇幅去舉例、分析、論證，也必然有大部分人無法理解，因為沒有同樣的經歷，無法感同身受。

2／

在討論這個問題之前，我想先請大家看幾個類似的問題。

❶律師行業如今還適合做嗎？

❷保險行業如今還適合做嗎？

❸金融行業如今還適合做嗎？

❹房產行業如今還適合做嗎？

律師這個高級的職業，門檻不低，需要讀好多書，需要考從業資格證，需要好多年的歷練，或許才能獨立接各種案子。至於能否賺大錢，大家可以問問身邊法律行業的朋友，其實對大部分人來說還是很難的。做律師，講能力，講資歷，講機遇，講運氣。做得好的當然有，律師事務所的老闆或合夥人都是賺大錢的，可大多數律師還是混飯吃罷了，能夠在企業混個法律顧問已經算是不錯的了。

保險行業一度被幾顆老鼠屎壞了整鍋粥，為很多人所詬病，大家甚至對其敬而遠之。但是這些年保險行業的確改善了不少，隨著人民群眾風險意識的提高，收入水準的增加，保險行業迎來了新的增長熱點。可整體而言，這是隨便一個外行殺進去就能賺大錢的行業嗎？不用我說，大家心裡都有否定的答案。

金融業的確是大熱門，也是很多人嚮往的行業。每年大考，金融專業都是報考的熱門。毋庸置疑，跟錢打交道，有機會一夜暴富，誰不喜歡？但是若干年後，大家再去看，能長期紮根金融行業，成為金領一族的還是小部分人。大多數人只是收入比身邊人稍強一些罷了。

而對於房產，當你聽慣了銷售人員一年賣N套房，收入數百萬元；當你發現深圳某豪宅給業務員的分紅是賣一套房獎約四百三十萬元現金，是不是熱血上頭，想去拚一下？但去了之後你會慢慢發現，成為神話的只是鳳毛麟角，大部分銷售員也只能望洋興嘆，僅此而已。

上面四個問題看完了，再看「如今還適合做外貿嗎」這個問題，就會發現這根本就不是問題。外貿只是眾多行業中一個很普通的行業。

3

提問者之所以要問這個問題，表面上是希望大家給點意見，實際上是想看看這個行業有沒有占便宜的可能。他的潛臺詞也許是：「我就想進入一個很好的行業，花三分努力得七分收穫」，再說得直接點，就是希望進入一個「錢多、事少、離家近」的行業。

如果大家告訴他，這個行業很好，做的人不多，薪水極高，老闆人傻錢多，他或許就會決定做外貿。

如果有人告訴他，現在防疫用品好做，某人做口罩賺了五百萬元，某人做防護面罩賺了兩千萬元，他說不定也會立刻改行去做防疫用品。

他並沒有認真思考自己的想法，也沒有綜合衡量自己的能力和知識結構，只想讓別人告訴他他適不適合做這個工作，這是很可笑的行為。用投機倒把的心態選擇自己的行業，就要經得起打擊，受得住衝擊。工作不是投注，非贏即輸，而是需要透過長期的打磨和積累，才能在某個行業裡如魚得水，所以**千萬不能有從眾心理**。

大部分行業，就算有紅利期，也是很短暫的，不要總追熱點。追熱點就跟炒股總是做短線追漲停板一樣，用這個思路選擇工作，我只能說，你對待自己的人生太草率了。

如果我來回答這個問題——如今還適合做外貿嗎？我的答案是，適合，也不適合。適合喜歡的朋友，不適合從眾的朋友。

外貿只是一個行業，一份工作，沒有什麼特別的。跟其他行業一樣，都是少數人做得風生水起，多數人站在門外，但以為自己已經入門。明明「一葉障目，不見泰山」，卻偏以為自己天賦異稟，很輕易就能瞭解一個行業的情況。

外貿行業也有自己的技能樹，做得好的外貿人自然有其內在的原因和邏輯，有自身的能力和特點，並不是「入行早」或者「運氣好」可以解釋的。如果說做得好是因為入行早，那麼入行早的人很多，為什麼大多數人依然混得不怎麼樣？如果說做得好是因為運氣好，那麼運氣也不會長期眷顧一個人。

糾結行業選擇，換來換去，瞻前顧後，其實就是自私心理作祟，想少付出而多收穫。與其問這樣的可笑問題，不如選一個自己有興趣的行業，努力學習，用心積累，全力往前衝，研究別人的弱點，打磨自己的核心競爭力，假以時日，總有自己的一畝三分地。

正如王國維〈點絳唇・高峽流雲〉中所言：「人間曙，疏林平楚。歷歷來時路。」

階層逆襲是一個人的打怪升級

1／

在朋友圈看到一條內容，是過去的一個同事發的，她寫了一大段感慨慶賀孩子去私立學校讀書，興奮之情溢於言表。可據我所知，那家私立學校價格不菲，是當地最貴的學校之一，學費差不多一百三十萬元一年。然而她的收入並沒有很高，她只是一家貿易公司的普通員工，跟丈夫加起來，年收入勉強夠這個數字而已。

她一直以來的觀點就是人脈和階層特別重要，甚至可以影響到孩子的人生軌跡。因為自己過得挺不容易的，所以她總是埋怨自己年輕時不懂事，不懂得找一個好老公實現逆襲。年輕時以為只要認真工作，麵包會有，房子會有，什麼都會有，可現實並非如此，普通人逆襲太難了。

她羨慕別人嫁得好，可以改變階層，可以開拓孩子的思維和眼界，所以選擇貴的私立學校是她認知中入讓孩子改變階層的敲門磚。門敲開了，把孩子送進去了，孩子就能跟學校的人成為同學，成為朋友，她也可以跟其他孩子的家長身處同一個家長群，就會得到更好的人脈積累。

支撐她這個觀點的證據是，她的同事A住在高級社區，業主群裡包含了各類有錢人、名人，A平時有醫療或者法律方面的需要，在群裡一問，好多人都會為她提供資源，他們平時也經常往來，聽得我這個同事十分羨慕。雖然她暫時沒有能力買豪宅，但勉強湊湊錢讓孩子讀個好的私立學校還是可以辦到的。她想讓孩子融進這一階層，跟達官貴人們的孩子從小就混在一起。

我理解她的想法，也理解她的焦慮，但我對她的做法不敢苟同。

2

關於A的案例，我的理解是，如果真的如我這個同事所說，她這個普通同事A可以融入一個富人的階層，那麼絕對不是因為大家是同一個社區的業主那麼簡單。

第一，她同事跟她工作差不多，收入也沒什麼差別，如何買得起遠高於她負擔能力的高級社區呢？或許有兩種可能，要麼是A家境不錯，父母承擔了這些，A沒有壓力；要麼是A老公的收入很高，可以買得起。

第二，如果A沒有吹牛，真的能跟很多老闆、高階主管、名人有不錯的私人交情，這就耐人尋味了。說明她有對應的價值和能力，能夠被別人認可，這同樣跟A平時的工作不匹配。

所以，A的這種情況，我認為必然有我這位同事不瞭解的地方，一定不是表面上看到的那麼簡單。階層之間的接觸很正常，但要融入是很困難的。這就好比小學生跟大學生不會玩在一起，也缺乏共同語言。

能到精英這個位置的往往都是人才，有足夠的經歷和閱歷，別人那點小心機和功利心，他們一看就明白了。這不是買兩個愛馬仕包、坐幾次頭等艙就能做到的，跟他們打成一片沒那麼容易。

我的理解是，階層不是你想融就能融進去的，而是你本來就在那裡，自然可以彼此打交道，無須刻意鑽營。例如，他是一個不錯的律師事務所合夥人，你是一個不錯的作家，你們之間或許就有交集。再如，她是某大醫院的護士長，你是某學校的教務主任，你們或許也可以進入同一個階層。

大家是否會進入同一階層，財富多少並不是絕對的衡量標準，而是要看你在自己領域裡所處的位置能否吸引別人，能否得到別人的尊重。也就是說，同一個階層裡的大多數人條件比較相似，不至於出現天壤之別的差距。

3

我讀大學的時候就對此有特別強烈的感觸。當時我們寢室有四個學生，大家都一窮二白，或者說家境都一般。

我們不是一開始就被分到一個寢室的，本來大家分佈於不同的四個寢室。只是我們班裡當時有二十多個男生，大多數家境都不錯，往往非富即貴。

大學就是一個小小的社會縮影，窮孩子跟家境好的同學其實是不會玩在一起的。不是我不想，我也沒有任何仇富心理，只是大家的共同語言太少了。比如說，出去旅行、玩極限運動、周邊自駕遊、聽演唱會、吃高檔日式料理、訂包廂打牌……這些我們都無法參與，時間一長，別人就不帶我們玩了，慢慢地我們四個人就被邊緣化了，索性大家住到了同一個寢室。

我們幾個人的活動就是在寢室裡看美劇，去樓下打球，去圖書館看書，去校外做兼職，去尋找實習和工作機會，因為有共同語言，大家相處得很開心。不是說其他同學不待見我們，別人也很客氣，大家也可以聊天，但這種聊天是有隔閡的，大家都覺得不那麼自在。

畢業後除了我們四個，其他同學都打包回老家了，做公務員也好，去事業單位也罷；繼承家業也好，去海外留學也罷，家裡都會安排好。只有我們四個留下來找工作、投簡歷，在社會上打拚、尋找機會。

如今離大學畢業已經十五六年了，我們四個人過得都還不錯。一位室友如今在澳大利亞，在普華永道從實習生做到了部門經理的位置；一位室友繼續求學，如今是某所重點高中的語文老師；還有一位室友做外貿積累了十餘年的經驗，如今是一家工廠的廠長兼合夥人；而我也找到了我的方向和位置，有自己的外貿生意，是米課的高級合夥人，還圓了自己的作家夢。

對我們而言，並不存在所謂的逆襲，但是靠著自己的努力和堅持，我們逐漸到了自己應該在的位置，也可以和過去仰視的大佬們交換聯繫方式，坐下來一起喝杯咖啡。

4／

階層逆襲不是完全不可能，但是相當困難，大部分人窮其一生都很難做到。階層逆襲的核心是價值交換。大家要靠自己去展示和提供價值，不能寄希望於自己什麼都沒有，什麼都不是的時候別人偏偏對你另眼相看，要拉你一把，甚至一路托舉著你進入他們所在的階層，這是不現實的。

做好自己才是第一要緊的，你要跟社會精英混跡在一起，起碼自己要變得值錢，讓自己在某個細分領域成為強者，或是充滿潛力的準強者，這樣你才有可能跟其他領域的強者對話，別人才會注意到你，才會給你說話的機會。

古人說的「門當戶對」從某種程度上講是有一定道理的。天下沒有免費的午餐，午餐背後都有標注好的價格。不要認為跟名人或富人在一起吃頓飯、敬杯酒、說上幾句話、拍幾張可以在朋友圈吹噓的照片，就能進入對方所在的階層。很抱歉，別人根本不會記得你，在他們眼中，你就好比早上晨跑時遇到的一個點頭微笑的路人一般。

階層的價值在於交互，你可以提供價值，他可以分享價值，你們相互支持，相互幫襯，你們才能在同一個階層。砸鍋賣鐵讓孩子進一所好學校，不是不可以，但需要把心態放平，這僅僅是為了讓孩子接受更好的教育，有更好的老師去教導，而不是本末倒置，從小就灌輸給孩子結交權貴、融入更高階層的想法。這種赤裸裸的功利心往往會讓你碰得頭破血流。

你若盛開，清風自來。

Chapter 6

行業選擇舉棋不定，怎麼辦？

將登太行雪滿山

李白〈行路難・其一〉

選擇行業時可以從三個維度比較

1

每位公司的主管都希望自己有得力的團隊，下屬敢打敢拚。每個企業都渴求人才，可大多數時候人才難得，人力不少。

我的一個朋友就碰上了一個困擾她多日的難題。她是上海一家貿易公司的經理，最近在招聘的時候碰到一個非常出色的應屆生，是個女孩。

這個女孩很努力，英語專業出身，基本功很扎實，邏輯思維清晰，我朋友很想把這個女生招進來，讓她作為自己的助理，好好培養一下。

我朋友覺得她的眼光不會錯，這個女生很像很多年前的她，做事有衝勁，能夠承擔工作中的壓力，不久的將來一定可以獨當一面，成為她的左膀右臂。

可結果是，幾天後我這位朋友等來了那個女生的微信消息，說她不來入職了，準備去一家房產仲介做二手屋經紀人。

我朋友急了，連忙聯繫那位女生，推心置腹談了一次。但對方表示，雖然她對外貿工作很有興趣，學的是英語專業，也能夠學以致用，但是做外貿薪水太低了，遠不如做房產仲介。賣二手屋的確辛苦，但是工資不低，成交後的傭金很誘人。

女生的家境不好，大學畢業後還欠了八萬六千多元的助學貸款，所以她特別渴望賺錢，希望可以儘快還清貸款，自力更生，減輕家裡的負擔。更關鍵的是這個女生工作很拚，也有頭腦，在房產仲介行業試用期的第一個月就已經開單，賣了一套房。拿到手的傭金自然非常實在，相比做外貿需要從頭積累，拿著低薪水慢慢學習，做房產仲介確實容易見業績。誰敢說做外貿就一定能成呢？萬一做不成、業績平平，豈不是耽誤更多時間？

我這位朋友有些無奈，想聽聽我的意見，究竟該不該繼續說服那位女生？又或者說，是否應該尊重那位女生的選擇？

2

這類問題我經常碰到，就是關於職業選擇的問題。是該選擇自己更喜歡的、未來成長性高的職業，還是應該選擇眼前就能賺錢的職業？

寫到這裡，我突然想到一個似曾相識的問題，就是在大考完填報志願的時候，是應該按照自己的興趣，報自己喜歡的專業，還是根據父母、老師、親戚朋友這些「過來人」的建議，報所謂的「更好找工作」的專業？

我相信每個人在面對這類問題時，都有自己的想法。我無意推翻大家的想法，我只是想就這個問題談談我的一點看法。畢竟我也是在職場上滾打十五六年的老兵，做過小職員，做過管理者，服務過民企和外企，做過辦事處的首席代表，接觸過不少獵頭，也招聘和面試過無數候選人。相信在這方面，我還是可以給大家提供一些參考意見的。

對於究竟該選擇外貿行業還是選擇房產仲介行業，我認為，職業無貴賤，沒有高低之分，每個行業都能出人才，只是對應到每個個體上，情況會變得不一樣。如果你不知道該如何選擇，不妨從以下三個方面來考慮。

第一，這個職業的發展空間有多大。

第二，這個行業未來的路是寬還是窄。

第三，如果做得不滿意，有沒有回頭的可能。

先看第一條，發展空間的問題，也就是賽道的問題。外貿做得好的話，當然潛力無限大，不管是做超級業務員還是創業當老闆，都有無限的發展空間。而做房產公司的經紀人，金牌業務員同樣有不錯的年收入，甚至可以創業，擁有自己的房產經紀公司。

寧波一家外貿工廠，旺季的時候，單月就接了一千五百萬美元和四千萬元人民幣的訂單，這是否是一家房產仲介可以做到的銷售額，我不知道，也不敢隨意置評。關於第一條提到的發展空間，二者就當打成平手吧。

3

再看第二條，行業未來的路是寬還是窄。我的意見是，這取決於你有沒有選擇的可能性，選項是否夠多。說得專業一些，就是職業的延展性是否足夠。

外貿行業對於新人的要求其實並不算低，如今的主流外貿企業基本上都要求員工有大學本科學歷，英語過六級，還要有一定的電腦技能。當然，這個條件會隨著區域的不同而變化。很多小城市的要求會適當降低，專科學歷也能接受，英語過四級甚至四級都沒過，但可以應付基本表達也沒問題。

若是好一些的企業，各種約束會更多，比如，第一學歷是「985」院校[1]和「211」院校[2]都有可能是硬性條件。

門檻高往往意味著員工已經過層層篩選，能在外貿行業長期工作的，坦白說，各方面的能力和素質都還不錯。而且在這個領域積累的大量工作技能，在將來跳槽換行業時會提供許多助力。

1 一九九八年五月，江澤民在北京大學百年校慶中，提出的教育計畫，目的是建設世界一流大學和著名高水準研究型大學。「985」院校，可說是中國一流的頂尖名校。

2 「211工程」乃中國為迎接二十一世紀的新技術潮流，重點建設約一百所的大學和重點學科，為兼顧各行業的專業，均衡發展。

我曾經以外貿公司業務經理的身分跳槽去五百大外企做採購，得以平穩過渡。這就說明，在外貿行業的積累，對於其他行業同樣是有用的。而外貿人一般英文都不會太差，這對於如今許多需要較高英語水準的工作來說，具備豐富實戰經驗且長期跟老外打交道的外貿人，往往比學院派更加容易脫穎而出。

而從事二手房產買賣的經紀人，能否跳槽到其他行業去，會不會有豐富的選擇，我是持保留態度的。

我小舅子就是一家二手房產公司的老闆，據他所說，這個行業的流動性極大，大部分經紀人並沒有高學歷，甚至沒有接受過高等教育，換工作大多數還是在這個圈子內，從這家仲介公司換到那家仲介公司。不是說房產公司沒有人才，而是比較難得。

所以對這一條來說，我覺得從事外貿行業，未來的路會更寬一些。

第三條，如果做得不滿意，有沒有回頭的可能。這一條衡量的是行業和年齡的相關度。

假設一個人在外貿行業工作了五年，不想幹了，想去房產公司做經紀人，賣二手屋，可以嗎？根據我的瞭解，是可以的。

我有一個做金融多年的朋友，成績一直平平無奇，公司又在兩年前倒閉了。他已到了四十多歲的年紀，根本找不到其他金融公司的工作機會。於是他在家附近的某家知名房產公司找了一份經紀人的工作。去年接觸他，發現他做得還不錯，畢竟有金融公司的工作背景，也算是見過世面的。他在面對客戶的時候侃侃而談，從宏觀經濟分析到區域板塊市場分析，能讓客戶聽得頻頻點頭，客戶會覺得他跟其他經紀人不一樣，覺得他非常專業。在他所在的門市，他的業績長期保持在前三。

反過來看，如果你從事房產經紀多年，可以跳槽去外貿公司工作嗎？這個問題我同樣問過幾位貿易公司的老闆，都得到了否定的答案。

原因是，做外貿講究的是連貫性和延續性，如果是跨界，就等於一切要從頭做起，而過去的經歷反而成為重新塑造一個專業的外貿人的障礙。如果你身上還有一些在其他行業養成的不好的習慣，還要花大量時間去修正，這又是一件很浪費時間成本的事情。

更何況，哪怕你是英語專業畢業的，如果從事房產經紀多年，英文長期不用的話也會嚴重退步。雖然說有底子可以重新學習，慢慢恢復到當時的英文水準，但對企業而言，用一個剛畢業的學生，或者在外貿行業裡挑選一個有經驗的人，兩者都比你更容易出成績。

還有，外貿行業其實也是一個「吃青春飯」的行業。我們會發現，大多數企業對於「外貿業務員」的年齡基本限制在三十歲以下，很少會有破例。如果是三十～三十五歲，只能去謀求經理和主管一類的管理崗位。若是超過了三十五歲，又缺乏一定的同行業經驗，那麼跨界轉外貿行業，成功的概率會非常低。

由上述內容可知，對於第三條，外貿行業勝出。

4

總體而言，從這三個維度考慮和衡量，我的觀點是，相比在房產公司做二手屋經紀人，一個英文專業畢業的優秀學生，選擇外貿行業或許更占優勢。

在工作之初，我們都很介意薪水，都希望起薪可以高一些，這並沒錯。特別是對於很多物質基礎差的學生，高薪往往有很大的誘惑力，會讓他們有意識地忽視所選職業其他的一些不足之處。

好的行業看的是成長性，是不是可以讓你越老越值錢，有沒有可能讓你在年輕的時候就實現逆襲，有沒有一定的技能和機會讓你實現全方位的提升。

雖說「三百六十行，行行出狀元」，但還要結合自身情況綜合考慮，從而做出相對更優的選擇。問問自己，你在職場上想走多遠？這是你真心喜歡的工作，還是僅僅為了眼前更高的薪水而勉強自己接受的工作？

如果是後者，那麼當你工作幾年並且賺到一些錢後，你會更加迷茫，你會再次懷疑自己，再次舉棋不定。這時候你或許已經沒有選擇的資格了，只有接受被選擇的現狀。

年輕的時候，我們會覺得時間很多，可以肆意浪費，可以隨意選擇，可事實上，每一個節點、每一次選擇，都會導致我們的人生變得不同。

錯了不可怕，可怕的是不認錯

1

有個學員曾跟我講述她哥哥的事情，她說她哥哥畢業後就沒有正經找過工作，一直在創業，創業失敗後繼續準備下一次創業。

這個學員今年已經三十四歲了，還沒有結婚，工作以來賺的錢都貼補了家裡，還幫哥哥還債。她在外貿行業拚殺了十來年，一直是公司的銷售冠軍，如今年收入早已超過一百七十萬元，這是穩穩的白領收入。

她所在的小城市房價不高，大多數同齡人的月收入不過一萬七千元，以她的收入水準，應該在當地住著高檔社區，開著好車，過得自由舒適才對。可她苦笑道：「誰能知道，我拿著全公司最高的薪水，連出租房都不捨得租，一直住在工廠的員工宿舍，六個人拼租一間，就是為了省點房租，早日幫家裡把債務還清。」然而，一年一年過去了，家裡的債務不僅沒有減少，反而在不斷增加。

她哥哥做化工生意賠了，說是被合夥人騙了，欠了二十五萬塊錢，她設法還債。

她哥哥開火鍋店倒閉了，說市場沒考察好，當地火鍋店太多，虧了八十多萬元，她繼續還債。

她哥哥開服裝店虧了，說貨源沒摸清楚，選品不夠好，又欠了四十多萬元，她忍無可忍，要哥哥自己去上班掙錢，她扛不住了。結果她哥哥聲淚俱下，求她再幫他最後一次，他一定踏實工作，她最終還是扛下了這筆債。

哥哥的確履行了承諾，在一家汽車修理廠找到了工作。可拿著微薄的薪水，結婚錢不夠，女友又懷孕了，怎麼辦呢？她這個做妹妹的，只能在父母的要求下，設法籌錢給哥哥安排結婚的事情，還設法湊了頭期款，幫哥哥把房子買了。

原以為後面的日子會逐漸好起來，哥哥會因此而收心，可現實又給了她當頭一棒。工作一年不到，哥哥瞞著家裡偷偷辭職了，借了錢，跟朋友合夥開了一家洗車店。開洗車店也算了，她哥哥又結交了一些狐朋狗友，夜不歸宿不說，還迷上了網路賭博。等家裡人知道情況後，放高利貸的人已經追上了門。她哥哥欠了近三百五十萬元，人還跑了。

她知道後怒不可遏，決定不再管家裡這些破事了。可父母苦口婆心地勸她，哪怕不管哥哥，小侄兒總得管吧。嫂子在家帶孩子，沒有出去工作，總不能讓母子倆餓著吧。

她妥協了，默默承擔起了照顧嫂子和侄兒的責任，還要幫他們每個月還房貸，支付各種額外的開支。她一個人負擔了哥哥一個家庭的開支，還有過去那些滾動的債務。

我問她，沒想過放手嗎？她表示她也很無奈，如果她不管不顧，哥哥這個家就真的散了，她也無法面對父母。如今她最渴望的是哥哥早點回家，好好上班工作，承擔起一個男人該承擔的責任。但是她隱約還有些擔心，哥哥一旦回來，又會有新的問題出現，給她增加新的麻煩。

2

其實在這件事情上，她哥哥固然有各種責任，但是她作為妹妹，承擔了不應該由她承擔的債務，表面上是幫助了哥哥，安慰了年老的父母，可事實上，正是這種無原則的心軟才把她自己推向深淵。

我跟她說，錯並不可怕，誰沒錯過？但關鍵是，錯了就要認，就要找到問題和原因，思考如何解決問題，分析自己還有哪些短處，以後如何不繼續踩坑。她的所作所為不是在幫助她哥哥，而是在縱容她哥哥繼續胡鬧，她自己的人生也因此而變得亂七八糟。

她哥哥做化工生意賠了，她可以救急，幫助哥哥解決一部分債務，但這不能是無償的，哥哥必須做好還款計畫，把錢分期還回來。可結果是，她自己把債務攬上身，這就大錯特錯了。哥哥沒了負擔，沒了壓力，為什麼要辛苦上班呢？自然是繼續謀劃所謂的創業大計。

從開火鍋店，再到開服裝店，一次又一次，她都會解決她哥哥的債務問題。哥哥是沒有心理負擔，沒有切膚之痛的，所以沒有任何自知之明，只會一次次找藉口，為自己的無能找理由。

被人騙、沒考察好、貨源不好，都不是失敗的真正原因。創業本來就是九死一生的事情，沒有那個能力，就好好上班積累經驗。等到自己經驗多了，能力強了，也存下點錢了，愛怎麼折騰都行。**成年人要為自己的選擇買單。**輸了就要自己承擔後果，而不是反覆找藉口推卸自己的責任，然後讓家人買單，這太荒唐了。

我總覺得，這樣的人是最可怕的，主觀意識太強，又沒有明確的自我認知，明明是麻雀，非要認為自己是老鷹，總為自己的失敗找藉口，說什麼世道不好、遇人不淑、運氣不佳。總之，自己是沒什麼責任的，一切責任都在別人身上，都歸咎於外界。

她哥哥不認錯，覺得有人買單，有人扛，還可以繼續折騰。

她自己不認錯，覺得可以幫忙，可以拚，希望哥哥能回頭。

我不知道她最終有沒有聽進去。我跟她再三強調，不要再插手哥哥的事情，包括哥哥家裡的事情。這不是她的責任，她沒有義務幫哥哥承擔債務、房貸，更沒有義務養哥哥的老婆和孩子。

她哥哥的債務自然要他自己解決。若沒有能力還債，沒有能力還房貸，那麼銀行會處理，法院會介入，該收房收房，該坐牢坐牢，自己的問題自己面對。而她真正要做的是過好她自己的人生，自信起來，陽光起來，談戀愛、旅行、逛街、買房、買車，回到她該有的人生軌跡上。

後來的情況怎麼樣，我不知道，也沒有進一步追問她。我只是希望，她可以真正想明白，她可以過得更好，為她自己活一次。

3／

職場上這種類似她哥哥這種「不認錯」的情況時有發生。

我第一份工作是在一家做箱包的工廠做業務助理，而部門主管，也是業務經理，是一位已經在工廠服務了八年的老員工。

有一次，她安排我做採購合約的時候，我發現有一款料子有點問題，我核對了客戶的原郵件後，覺得是我方理解有歧義，於是跑去跟她指出我方可能存在的疏漏。

她在我表明來意後，直接批評我多管閒事。她認為自己做了多年外貿工作，我僅僅工作一週，就來挑釁上司，是自以為是的行為。她把業務部所有同事招進會議室開會，當場批評了我的工作。她認為公司要重新制定員工手冊，新員工該學習就學習，該鍛煉就鍛煉，該進廠實習就進廠實習，不要覺得自己懂幾句英文就了不起。

當時我也懷疑是我理解錯誤，或者同樣的表達在不同場合跟語境下可能會有相反的結果。我為自己的冒失感到羞愧，並用曾國藩名言提醒自己：「大處著眼，小處著手；群居守口，獨居守心。」

後來我按照業務經理的指示做了採購合約。因為是老客戶，工廠甚至連產前樣都沒有給客戶郵寄，僅僅是拍照確認，然後就開始了批量生產。結果在客戶安排協力廠商驗貨時，發現料子跟合約要求完全不一致，無法再用，整批貨都報廢了。客戶為此大發雷霆，要求工廠承擔一切損失，銷售季的利潤損失也需要工廠承擔。

這個客戶是工廠的核心客戶之一，料子錯漏所造成的重製和額外賠償接近十萬美元。老闆為此震怒，要求調查這件事情的原委，而業務經理把責任全部推給了我們幾個實習生。譬如，毅冰做採購合約的時候，對客戶要求的理解正好相反；業務員沒有按照標準作業進行流程審核，也沒有給客戶準備產前樣，這都是嚴重紕漏。而她自己因為工作太忙了，要處理和跟進幾個主要客戶的專案，就沒有特別關注這個訂單，她把關不嚴，也有一定的過失。

天知道，我指出了問題所在，但是業務經理根本聽不進去。帶我的師傅，也就是業務員，要求給客戶安排產前樣，也被業務經理否決了，她認為老客戶的返單[3]只是換個顏色，根本不需要浪費時間重新寄樣。

結果就是公司承擔了損失，我們做了炮灰，僅僅因為業務經理的面子和尊嚴受到了一點侵犯，她就惱羞成怒，對錯誤視而不見。哪怕明確了錯誤，她依然不認錯，把責任都推在了下屬身上。

4／

這件事情給了我很大的觸動，這也是我在職業生涯之中第一次感受到辦公室政治究竟是怎麼回事。

我認真工作，認真解決問題，卻傷害和影響了別人的面子和形象。試問，一個業務經理居然會犯如此低級的錯誤，讓其他下屬怎麼看她？後來我才知道，其實她學歷不高，英文底子十分差勁，是靠著在工廠裡埋頭苦幹才慢慢轉到業務崗位的，後來一步步升到了業務經理的位置。因為學歷低，底子差，所以她在很多事情上特別敏感，總覺得別人瞧不起她，別人都在針對她，別人就是看中了她的位置，想奪權。久而久之，她就形成了剛愎自用的心態，不管對錯，都要以她的決定為準，大家只要服從就可以了。有意見那是你的問題，是你不聽話，不能領悟長官的決定，你需要繼續學習和歷練。或許她認為，認錯就是認輸，認輸就意味著能力不足，會導致地位不穩。所以她會用一個個的藉口來證明這是別人的問題，是外界的問題，不是她的責任。

在這種「順我者昌」的強勢管理之下，工廠後來的情況怎麼樣了，我並不知道，因為我沒做多久就離開了。只是從原同事那裡獲悉，業務經理過得也不如意，幾個大客戶被同行搶走，她一次次面對業務員的離職而無能為力，最後自己也跳槽了。

多年後我也走上了管理崗位，每每想到過去的這段經歷，都會唏噓不已，我從中學到的是，**「錯並不可怕，可怕的是不認錯」**。越是身居高位，越是小有成就，反而越難面對自己的過失。「虛懷若谷」這個詞大家都知道，卻很難做到。

我們可以做錯事，可以錯，但關鍵是，我們要從錯誤、失敗中受到啟發，學到經驗，避免將來重蹈覆轍。

所有的經驗都是寶貴的，不論對還是錯，贏還是輸。

坦然面對吧，正視自己的缺點，該認錯就認錯。敗而不餒，輸而不亂，才是最好的自己。

3 意指對上一筆訂單的再次訂貨。

持續低效率的魔咒怎麼破？

1／

我不時會收到一些讀者留言，說他們經常為自己的工作和學習效率低下而苦惱。明明計畫做一件事情，卻往往會被別的事情打斷；明明想用兩個小時寫完一篇文章，卻往往會東看看西翻翻，一整天下來只寫了個開頭。

嚴格意義上講，這並不屬於拖延症，因為事情已經開始執行了，而且明確了執行的方案，也就是已經完成了從〇到一的轉變。

不過話雖如此，現實中卻很難做到專心如一，因為所有人都會受外界影響，會有各種干擾打斷現有的計畫。

與此同時，自己的專注力或許也不夠，總是會主動分散精力去做其他事情，從而進一步拉低效率，讓自己更加沮喪。

這種情況其實很普遍，包括我自己，也是費了好大的勁才逐漸地克服了一些壞習慣，把效率抓上來的。

2

我曾經一度被低效率的魔咒所困擾。計畫一小時內完成報價單，結果做了不到五分鐘，電子郵箱叮咚一聲，有郵件進來了，於是忙不迭去查收郵件，甚至會優先處理和回覆郵件。

又過了十分鐘，計算裝箱量的時候，拿出手機打開計算器，又不自覺地刷了刷微信朋友圈，給幾個朋友點了讚，處理了兩條留言。關掉微信後又順手點開了微博，看了看今天有什麼熱門新聞，一不小心半個小時過去了。

猛然驚醒後，放下手機，繼續製作報價單。過了一會兒，發現有些口渴，於是起身去茶水間沖了一杯咖啡。又發現肚子有些餓了，時間又是不尷不尬的下午三點，離晚飯時間還有很久，那就點個下午茶吧。吃獨食貌似不合適，就在辦公室裡喊一嗓子，看同事想吃點什麼，一起叫外送。

等外送的過程中繼續邊做報價單邊跟同事聊美食話題，聊哪家餐廳下午茶不錯，哪裡新開了一家咖啡廳，改天去嘗試。

一會兒電話進來了，外送送到了，接下來分餐、聊天、開吃，吃飽喝足後發現差不多下午五點了。哎呀，離下班時間還有半個小時，還是繼續工作，把報價單完成吧。

而這時候，歐洲客戶逐漸上班了，郵件一封接一封地進來，有投訴的，有詢價的，有催樣品的，看似一個比一個急。忙不迭地切換到郵箱，一封接一封地處理郵件。等郵件差不多處理完，並給供應商打了無數個電話後，工作終於告一段落，可以繼續做報價單了，發現已經下午六點半，超過下班時間一個小時了。怎麼辦？算了，晚上不想做，家裡電腦中沒那麼多資料，手機裡也沒有各種資料，明天上午回公司再做吧……

這種低效率的現象，其實在職場中十分普遍，這也是公認的「工作效率低下」的主要特徵。表面上有各種事情干擾，難以專注於手頭的工作，實際上是**沒有做好優先順序管理**，沒有給未完成的工作排序。

比如，我當時重要且緊急的事情有三個：給德國老客戶做好報價單，給兩家供應商打電話確認美國客戶的交貨期，催促英國客戶付款。其餘的事情在重要等級上會稍微弱一些，屬於次優先順序的工作。

三件事情都很重要也很緊急，但是不可能三件事情一起幹，否則容易分散精力，難以專注和聚焦於某一件事，反而會影響工作效率和結果，也會讓出錯機率上升。

這種情況下就是進一步篩選和安排工作順序。報價單是德國老客戶要的，而且這個事情很複雜，必須當天完成，那就先做這個；打電話給供應商，確認美國客戶的交貨期，這個事情隨時可以做，甚至晚上做都行，不如先放一放；催促英國客戶付款，這同樣不是當下就要做的，英國跟我們有八個小時的時差，我們這邊下午六七點鐘時，客戶那邊正好是中午前，這時候溝通就是好時間，沒必要更早。這樣優先順序排序就出來了：先做報價單，再打電話，最後催款項。

3

提高工作效率，除了要科學地安排工作內容的順序外，還要全力提升專注力，排除一切干擾，在最短的時間內迅速完工，然後開始處理下一件事情。

我的個人經驗是，按照以下三個步驟來執行，往往能讓工作效率提升一倍以上。

第一，工作時把手機設置成靜音，不能把手機反扣在桌上，而是把手機放進包裡，甚至鎖進櫃子裡。手頭的事情做完之前不允許自己拿出手機。現代人都有手機依賴性，要戒除，最好把手機放得遠遠的。

第二，關掉電腦的無線網路，退出電腦端所有的聊天工具，關掉瀏覽器。只有當工作中需要外網的時候才可以臨時打開網路，否則，只能專注於工作本身，不能看任何無關的網頁或新聞。

第三，專注做某一項工作時，把其他所有工作都往後推。這件事情完工之前，不處理郵件，不回覆留言，不接打電話，一切都要在工作完成之後才可以處理。要把手頭需要集中精力處理的工作當成一場重要考試，如兩個小時內必須交卷，容不得任何分心，更不可以做其他事情。

此外，在執行過程中還需要給自己預留失敗空間。當在特定時間裡無法完成手頭工作的時候，可以根據實際執行情況來判斷和分析最初的計畫有多大漏洞，有哪些地方需要做特別的修正。這樣在下一次處理類似工作時，就有了相當豐富的經驗，知道該如何規劃和設置預定時間了。

4／

不要總埋怨自己工作效率低、執行力差，工作效率低的主要原因是你沒找到適合自己的方法，表面上是在多工工作，事實上反而拖慢了步伐，打亂了節奏。所以從一開始就要摒棄各種壞習慣，用時間來一次次重複和迭代，然後做流程優化。習慣一旦養成，良好的習慣就變成了強大的驅動力，變成了標準的作業流程，工作就會跟拿起筷子吃飯一樣自然。這就是習慣成自然，它會推著你慣性般前行。

「操千曲而後曉聲，觀千劍而後識器。」不外如是。

關於天賦，你是有誤解吧

1/

許多朋友在描述自己不擅長的領域時，會不自覺地強調「天賦」這個詞。

自己很努力，可英文水準一直不佳，說明自己沒有英文天賦。

做外貿五年一直不溫不火，沒有大的成績，說明自己做這個職業沒有天賦。

某某同事十分擅長跟客戶打交道，長袖善舞，可自己性格內向，說明自己沒有做銷售的天賦。

某人文字底子扎實，寫的文章自然寫意，看著就令人舒服，可自己寫的東西自己都看不下去，說明自己沒有寫作天賦。

聽起來似乎有點道理，畢竟每個人擅長的東西不一樣，有短處很正常。

拿自己的劣勢跟別人的優勢相比，不在一個段位上也很自然。但是用所謂的「天賦」來掩蓋自己的弱點，掩蓋自己的逃避心理，這才是令人無法接受的。

英文不佳，要看自己真正下了多少工夫，遇到過什麼樣的老師、用過什麼樣的學習方法、擁有什麼樣的生活環境和家學淵源。這些條件相同的話，多年後大家再橫向比較一下，看誰的水準更高，這樣才有可比性，而不是一開始就把責任推給天賦。

2

我們看到的別人所謂的天賦，是別人在拚盡全力學習鑽研後，逐漸積累和突破的，而不是當到了某一個點的時候靈光一閃，很多事情突然完成了從〇到一的跨越。這種情況不存在，至少現實中我還從沒見過這樣的案例。

五年工作經驗，僅僅是年齡老了五歲，並不代表什麼。真正的工作能力還是要看你在過去五年工作裡累積了多少技能，做出了多少成績。同樣的時間，別人賺了更多的錢，找到了更好的工作，未必是別人運氣好，也不是別人天賦高，而是同樣的五年時間，大家利用的過程是不一樣的。

在我的理解裡，大家口中的「天賦」是可以透過自身的積累實現的。

例如，郎朗一舉成名天下知，成為國際鋼琴大師，你可曾留意他過去那麼多年的積累和努力，以及那無數的汗水和心酸？

達文西縱橫西方畫壇，〈蒙娜麗莎〉是羅浮宮鎮館三寶之一，你可曾想到他兒時學畫的枯燥和艱辛，藝術路上的坎坷和磨難？

沒有什麼能讓人輕而易舉獲得成功，一切都要自己爭取，而不是等著老天給你所謂的天賦。看到別人的成就以外，還要看到別人在得到這些成就之前做了什麼、如何做的，而不是用天賦來解答一切無法解答的問題。

3

兩個家庭背景相似的年輕人，十年後或許能有百倍的差距，這不是天賦的問題，而是在點亮技能樹的過程中彼此選擇了不同的人生道路，是因為大家努力程度不同，花的心思不同，對目標的渴求也不同。天賦在其中或許只起了一％的作用而已。

別人年少成名，寫出的東西受眾人追捧，而你寫的無人問津，若你覺得這只是因為別人天賦比你高，那就大錯特錯了。也許真正的起跑線要追溯到十五年前，那時候別人已經開跑了。

我們不要想當然地迷信天賦，不要覺得努力後效果寥寥就是因為天賦不足。因為努力只是所有基本要素中的一個，而不是全部。如果努力就可以解決問題，那麼很多問題未免太簡單了一些。

我們要關注的是整條賽道，要看自己和別人是否擠入了同樣的賽道，起跑線是否一致。如果不一致，就要看雙方的差距有多大，研究一下如何一點一點縮小差距。說難聽點，大多數情況下，你連努力都不足，用心都不夠，鑽研都欠缺，哪裡輪得到談天賦？

烈火烹油，鮮花著錦。行到水窮處的極致，坐看雲起時的淡然，才是真正的「天賦」。

別用業餘挑戰別人的飯碗

一個籃球愛好者，能否打贏職業運動員，並被選中去打美國職業籃球聯賽（NBA）？

一個業餘四段圍棋選手，能否跟職業圍棋手同台競技，甚至打敗職業棋手？

一個在社區裡跑步的健身達人，能否參加國際田徑賽事，跟專業短跑運動員一較高下？

我相信大多數朋友會給出否定的答案。業餘選手，甚至連業餘選手都算不上的興趣愛好者，怎麼能跟職業選手同台競技？二者根本不是一個段位的。

你在健身房練練散打沒問題，可若是上臺跟職業選手對戰，人家或許一拳就把你撂倒了。無他，這其中的差距就是「專業＋錘煉＋時間複利」的結果。

1／神奇的邏輯

大道理誰都明白，可現實中總有些人缺少自知之明，覺得別人能做到的，自己應該也可以；別人能輕鬆賺的錢，自己看著也不難。你要是勸他別做，勸他三思而後行，他會認為你阻擋了他的財路，拖了他的後腿。

他們的邏輯往往是以下這樣的。

❶哎喲，這個項目好像挺賺錢；

❷哎呀，好多人已經賺到錢了；

❸不行，我要馬上入場賺錢。

在他們的邏輯裡，別人可以賺到錢，說明這個項目不難，他們自己也能做到，同樣能賺錢。然後就是「時不我待」的感慨，巴不得馬上就做，甚至等不到明天。

等真正著手做了，他們卻發現並沒有想像中那麼容易，各種困難和麻煩紛至遝來，最終的結果就是折戟沉沙，輸得徹底。

輸就輸吧，從中總結原因，吸取教訓，將來東山再起。可他們不會這樣想，他們的思路會進展到下一個步驟，並總結出以下失敗的原因。

❶大環境不好；

❷風口錯過了；

❸運氣不佳。

幾年後，他們繼續重複這樣的迴圈。

2／無厘頭的裁員

學員Monica曾在米課圈給我留言，講述了一個悲傷的故事。Monica不僅為自己的經歷難過，也為老闆的行為感到無奈。

Monica的公司準備轉型做口罩業務，老闆把兩個老業務員（包括Monica）辭退了，新開了阿里巴巴的國際站帳戶，而且花重金購買了最高配置的套餐。與此同時，老闆大撒銀彈，請了專業的運營團隊，主帳號交給公司業績第三的業務員負責，子帳號全部分配給新員工去開發，甚至包括完全沒接觸過外貿的職場新人。

老闆的行為實在太出乎意料了，Monica難以置信。業績在公司排第一和第二的兩個員工被炒魷魚了。難道業績做得太好也是錯？

這個問題一直困擾著Monica，她甚至開始自我懷疑，不知道究竟努力工作是錯，還是深耕主業是錯；業績很棒是錯，還是薪水過高是錯。

這樣莫名其妙的轉型，莫名其妙的裁員，的確是讓人摸不著頭腦。

3／看不懂的梭哈

我嘗試著換位思考，假設我是Monica的老闆，我為什麼把公司最強的兩個業務員給辭退了？我想原因大概如下。

第一，公司轉型做口罩，銷售精英會被經驗所困，不適合做短平快的訂單；

第二，普通的業務員，包括如一張白紙的新人，或許更加容易培養；

第三，銷售精英收入太高，轉型時砍掉這塊支出，正好可以用來彌補分紅。

我實在想不出還有什麼理由，需要把兩個業績最好的業務員裁掉，而保留業績平庸的業務員。但可以確定的是，Monica的老闆如今好像在玩梭哈，已經在賭桌上擺出show hand（攤牌）的架勢，一把定輸贏，不留後路。連公司業績最好的兩個業務員都可以放棄，這個決心不可謂不強烈。

只是我難以理解，為什麼不能觀望一下再做決定？比如，業績最好的兩個業務員隨著公司的規劃一起開發口罩訂單，豈不是更好？能成為公司銷售精英的人總是有兩把刷子的，不至於換了產品，就連普通業務員甚至新人都不如了，這不現實。

而老闆能花大價錢請運營團隊，能支付阿里巴巴平臺最貴的套餐費用，說明公司資金充足，不至於因為老業務員工資高而將其辭退。所以Monica的老闆這一頓猛如虎的操作，我是真的看不懂，也許只有老闆自己才知道，究竟如何看待這個問題，為什麼做出這樣的決定。

4／從〇到一的過程

說到底還是思維方式的問題，只要他們自己沒想明白，外人再怎麼苦口婆心，再怎麼擺事實、講道理、舉例論證，都是沒用的。

在我看來，口罩業務在疫情環境下發展火熱，是暫時的供求關係失衡，導致一些外行從中賺到了錢。但是這個空窗期一定很短，不可能長期維持這樣的狀態。

一個對口罩行業完全不瞭解的公司進入這個行業，怎麼可能有實力跟那些擁有十幾年經驗的專業口罩生產廠家競爭呢？疫情伊始，口罩緊缺，很多商家甚至外行一擁而上，或許搶到了一杯羹。而如今各種管制和檢測越來越嚴格，從商檢到備案，從品質到出貨，每個環節都嚴格把控，甚至還有白名單審核，這條路對於大多數外行是越來越窄，越來越難走了。

從〇到一，不是看別人做很簡單，自己就能做到的。〇就是〇，一就是一，這個過程從來不是一步到位的，而是有了從〇到〇．九的量變過程，才有了一的質變。口罩行業跟其他任何行業一樣，也有專業供應商，有行家，有以此為生的無數相關人員。一個外行，僅憑「我認為」就能打敗那麼多專業的同行嗎？起碼我是不信的，這不是一腔血氣之勇就可以實現的。

養兵千日，用兵一時。沒有長期的錘煉，沒有經驗的積累，用自己業餘的知識去硬碰別人吃飯的傢伙，頭破血流的機率會很高。這就好比爬山，別人到了頂峰，是因為他已經走完了腳下的路，你又何以認為，自己從山腳仰望就可以一步天涯，直接登頂？

最後我想對Monica說，被裁不是你的問題，相信自己，You deserve better!

Chapter 7

善意待人卻被傷害，為什麼？

回首煙波十四橋

姜夔〈過垂虹〉

情緒控制是職場必修課

1／

有一個做外貿的朋友抱怨說，她跟同事在上海出差，參加一個行業展會，某天早上離開酒店的時候，主管要求她給其他同事買早飯，她難以接受，站在那裡不答應也不拒絕，只是覺得十分委屈，眼淚一直往下掉。

她在群裡抱怨道：「為什麼主管要欺負我？為什麼其他同事都大大咧咧報上自己要吃什麼，而我要做這種事情？」

事情的結果是，同事們看她這個狀況，也不強求，就自己搞定早飯了。

就這麼一件在我們看來非常小的事情，居然會導致她情緒崩潰，很多人會難以理解。可事實上，這背後體現了兩個問題。

第一，她對人對事過於敏感；

第二，她根本不懂控制情緒。

出差期間給同事買早飯只是一件很平常的事。今天你買，明天他買，後天另一個同事買，這沒什麼問題。哪怕每天都是你來買，別人另外算錢給你，這也沒什麼，有什麼需要計較的呢？沒必要上升到道德高度去批判。

非要認為是上司欺負人，那麼上司也會覺得為難，什麼事情都沒法做了。過於敏感就容易多思多想，別人無意中的一句話、很自然的一個眼神，甚至是皺一下眉，都會導致你猜測和聯想到很多事情，這完全沒有必要。

若一個人非常敏感，很容易被外界影響，外加不懂得控制情緒，那麼可以斷言，他的職業生涯會十分黯淡。

2／

情緒控制，是職場的必修課，而不是選修課。每個成年人都要懂得為自己的言行負責，掌控自己的情緒。你可以傷心、難過、壓抑，這是你個人的事情，但請不要把情緒帶到工作中。

公司付給你薪水，是需要你提供相應的價值；客戶跟你溝通，是希望得到專業的服務。**沒有人需要對你的情緒負責，更沒有人會為你的壞情緒買單。**

如果你無法控制自己的情緒，那麼公司絕對不敢對你委以重任，上司也一定不會把重要客戶交給你負責。萬一有什麼原因而導致你情緒失控，將給公司造成嚴重損失。

很多人會抱怨公司不公平，抱怨老闆不明事理，明明自己工作能力很強，升職的卻是不如自己的同事。在公司工作多年，隨便一個新人的薪水都高過自己。

這其中的原因，能力是一方面，而能不能得到重用，能不能晉升，更取決於你在職場上能否掌控好自己的情緒，能否長期給別人留下得體的印象。

如果你給人的印象是衝動、易怒，脾氣難以捉摸，隨時論人是非，隨時會跟老闆辭職，那麼就等於告訴別人，你是一顆定時炸彈，沒人知道你什麼時候會被引爆。公司為了控制損失，一定不會把重要工作和核心職位交給你，你註定是個被邊緣化的小職員，很難有所發展。

你可以不滿，可以不開心，但是請注意，公司不是你家，老闆不是你父母，沒有人願意聽你嘮叨，也沒有人在意你的情緒好壞。一切都要自己調節。工作中要用工作說話，一切回歸本質。別用什麼「坦率」「直爽」「性格直接」來為自己開脫，這都是藉口。別人不欠你的，沒義務忍受你多變的情緒。

3

我在外企工作時，某個供應商的業務員突然情緒崩潰，寫郵件給我們採購總監，控訴我的某個同事對他們公事公辦，控訴我們公司的要求太多、太苛刻，一點都不近人情。從驗廠到測試到打樣，她花了大量時間，覺都睡不好，但是最後我們這個訂單還是給了她的同行。

她的用詞十分激烈，說自己怎麼改、怎麼做都不行，她不伺候了，要我們愛找誰找誰，她就當作踩了一腳狗屎，讓我們以後不要寫郵件給她，不要詢價，她要把時間投入到更值得投入的客戶身上。郵件中有一句話特別有意思，把我逗樂了。她說：「你們想用買香蕉的錢來買黃金，那是作夢！別人便宜，你找別人買啊，你覺得自己買到了黃金，但這是偽裝成黃金的屎。」

這個比喻很好，很靈動，我覺得她挺有寫文章的天賦，也有點幽默細胞。但是不管怎麼樣，這個郵件一出，她針鋒相對地發洩自己的怒火，就說明她難以控制自己的情緒，也約束不了自己的行為。

結果呢？我們的採購總監把她的郵件副本給了辦事處所有同事，告誡大家從系統裡刪除這家供應商，將這家供應商加入黑名單。

要知道，這家貿易公司每年可以做我們七個項目組，加起來共有四百多萬美元的訂單。而這次詢價的這款椅子，僅僅占了不到七萬美元的訂單。結果，這個業務員的一次情緒崩潰，連累她公司所有同事永遠失去了我們這個客戶，丟掉了來自我們公司的所有訂單。

最後，這個業務員的大老闆只能親自出面道歉，並且立刻辭退了這個業務員，以作為最嚴厲的懲罰。

4／

僅僅因為沒有控制好情緒，就給公司造成了巨大損失，還連帶自己丟了工作，導致自己在職業生涯中留下了一個污點。試問，如果她換一份工作，一旦新公司知道她是以這種原因被老東家辭退的，新公司還敢用她嗎？

每個人都有自己的壓力，都有自己的心酸和痛苦，這本來就無從比較，沒有誰比誰更輕鬆。我們經常開玩笑說，容易在工作中發脾氣和鬧情緒的，都屬於比較幸福的。因為他們能承受的壓力太小，才能夠容許自己在情緒上肆無忌憚。

在學校時，也許沒人教你情緒控制；在家裡，也許大家會安慰你、容忍你、遷就你。但是在職場上，現實會給你上一課，甚至狠狠給你一個耳光。**如果你控制不好情緒，你遲早會為此買單**，只是時間早晚的問題。

再不高興也要學會在當下沉住氣。再大、再難的問題，都可以在深思熟慮後找到更好的處理方式。一時的怒火、惱羞成怒後的出言不遜，只會把事情辦壞，只會讓別人進一步遠離和孤立你。

性格決定命運，情緒影響人生。

小心你的朋友圈

1

一位在獵頭公司管理層工作的朋友告訴我，他們如今越來越喜歡透過社交軟體來評估一個候選人的真實情況。大家會特別留意候選人的微信朋友圈，以此來刻畫候選人一個基本的畫像。

我當時很好奇，問道：「朋友圈能看出什麼來？」

這位獵頭朋友神秘一笑，說：「透過發的朋友圈，可以看出一個人的性格是沉穩還是浮躁，興趣愛好有哪些，喜歡關注什麼話題，對什麼樣的公眾號內容有興趣。這些資訊都是我們評估一個候選人的重要參考。」

我越發好奇了，我怎麼說也招聘過不少外貿人員，我怎麼就不知道透過這種方法能看出這麼多東西來？他嘲笑我是外行的同時，給我講了一個案例。

2

這位獵頭朋友的公司受一個客戶委託，物色一位外貿業務總監，待遇是百萬元年薪外加福利和績效獎金。外貿業務總監需要對德國零售市場非常熟悉，熟悉工具行業更好。如果薪酬方面不滿意，還可以適當放寬。於是我這位獵頭朋友開始在公司的資料庫和自己的人脈圈裡尋找，最終鎖定了兩位比較合適的候選人。

第一位，女性，三十歲，畢業於廣東的一所普通本科院校，在一家小貿易公司服務了七年，沒有跳槽經驗，非常穩定，帶領十個人的業務團隊，年銷售額大約是兩百七十多萬美元，其中德國市場占比接近五〇％。產品以文具為主，也有一些禮品、工具和園林用品的業務。

第二位，女性，三十三歲，「985」院校本科畢業，在英國拿到了研究生學歷，在一家中型貿易公司服務了五年，總的工作經驗有九年，目前是這家公司的銷售副總，做手工工具和電動工具，有穩定的供應鏈，專攻德國市場，服務過德國三大零售超市和眾多德語區的建材類和工具類客戶。德國市場的團隊業績大約是六百萬美元，並且五年來，每年保持著三〇％以上的增長率。

從學歷、工作經歷、專業符合程度、管理能力、區域市場匹配度來衡量，第二位候選人都更加出色。也就是說，她或許是更加合適的業務總監人選。

但我知道，獵頭跟我說這個案例，肯定不是表面所看到的那麼簡單，後面一定有「但是」在等著我。

只聽他說：「但是，我認真觀察了兩個人的朋友圈，果斷放棄了第二位候選人，直接推薦了第一位候選人給客戶，後來這位候選人順利通過面試，如今已經入職了。」

我很詫異，朋友圈的內容還能如此影響一個人的職業！這似乎也太武斷了。

他知道我不信，於是打開手機給我看。只見第一位候選人，頭像是自己孩子的照片，微信簽名一欄是一句口號：「做最好的自己！」下滑看她的朋友圈，並沒有什麼特別的內容，不是轉發公司老闆的口號，就是發幾張開會學習的照片，評論一般都是「王總威武！」「大家都要加油！」之類的話。

「這還是合格的候選人？這種拍馬屁的內容能說明什麼呢？我隨時能編出一百條不重樣的。你們是大獵頭，赫赫有名的五百大企業，對於候選人的要求什麼時候變得這麼低了？」我嘲笑道。

「別急，你再看看另一位的。」他毫不介意我的懷疑，還是一臉嬉皮笑臉。

另一位候選人的朋友圈可就豐富多了。頭像是一張風景照，微信簽名是奧斯卡．王爾德的一句詩。她當天發的一張照片是在高級酒店吃大餐，圖片精修過，非常精緻，透過圖片都能感覺到食物的美味。前一天發的是拜倫的幾句詩，配著英國鄉村的照片，十分文藝且有內涵。

再往前是旅行照片，一連好多天，每天更新多次，每次都是九張圖填滿，每張圖都經過精心處理過的，甚至將多張圖片排列後做成下拉式的長圖。從構圖到寓意，給人感覺都很有格調。

再往前翻，還有開會和團隊建設的圖片；有逛街吃飯的照片；有購物的照片；有自拍照，角度都抓得很好。文案和內容都挺出色的，讓我這個半職業作家都自愧不如。

我覺得這就是一個正常的職業女性的工作和生活的展現，沒什麼問題。當然，我沒好意思評論的是，這位女性的容貌極佳，穿衣打扮都很有品味，是我欣賞的類型。

獵頭朋友一拍腦門說：「忘了，有好幾條朋友圈她刪掉了，我都保存著呢。」於是他點開相冊給我看。

第一條是抱怨老公的：「你再不回我電話，我是不是要去報警找你啊？我真是瞎了眼，怎麼嫁給了你這種人……」

第二條是埋怨婆婆的：「你就只知道幫你這傻兒子吧，看我跟你兒子離婚，讓你哭都沒地方哭……」

第三條是諷刺同事的：「有些人啊，別以為做了個小訂單就尾巴翹上了天，姐要想敲打你，分分鐘就讓你丟掉工作……」

第四條是暗諷老闆的：「瘋了瘋了，怎麼有這樣的人，老娘拚死拚活把業績做出來，現在隨便一套制度，就要徹底綁死我，愛咋整咋整，大不了不幹了，看看誰少不了誰……」

獵頭朋友提到，這些內容都是在發了以後又刪除了。有些是秒刪，正好被他看到了。有些是半小時或一小時後刪除的。而這樣的內容，我朋友只截圖了四五條，也許還有更多發了後刪除的，我朋友根本沒看到。

我默默點了點頭，開始明白這位獵頭的選擇。

4

很明顯，第二位候選人能力或許很強，但是性格有缺陷，情商也不太高，碰到問題需要找管道宣洩。她明知從朋友圈發出的東西別人會看到，但還是忍不住發作，氣消了，或者想通了再刪除。

但職場不是小孩子扮家家酒，不可以隨意使性子，不可以一不開心就掀桌子。這些負能量的內容暴露出來的是她性格的不沉穩，而所有的歲月靜好、專業精緻，都是她有意識地經營出來的，就跟大家的簡歷一樣，都經過了全方位的美化。

不能很好地控制自己情緒的人，就像一個炸藥桶，隨時會爆炸，隨時會出問題，企業怎麼敢對這樣的候選人委以重任？也許第二個候選人做一個主管是合適的，但是在一個大公司裡做獨當一面的外貿業務總監，還有很多的缺陷和不穩定因素需要克服。

如今是網路時代，我們的一言一行都會被有心人留意和關注。網路上的言行就像無聲的語言，記錄和展示著一個人的細微之處。

朋友圈的我們未必是真實的自己，只是我們想展示給別人的自己。而我們不想展示的東西，或許會在一些地方不經意地暴露出來。我們應該時刻控制自己的情緒，謹言慎行。

1 中國東北方言，意指「怎麼辦」。

藉口多了，人就廢了

1／

對於洛克菲勒這位商界鉅子，給他再多的溢美之詞都不為過。他是真正白手起家的典範，是十九世紀第一個億萬富豪。

《富比士》曾公佈「美國歷史上十五大富豪排行榜」，洛克菲勒名列榜首，直追他的前輩──比他早出生七十年的世界首富伍秉鑑。

洛克菲勒在寫給兒子的三十八封信中曾提到一位打高爾夫球的船長。他非常欣賞那位船長，因為船長輸球後從來不給自己找藉口。事實上，那位老船長可以說自己年紀大了，也可以說準備不充分，又或者說體能和精力不如年輕人等，讓失敗顯得不那麼難堪，但是他從來不那麼做。

在這封信的末尾，洛克菲勒是這樣寫的：「**藉口是製造失敗的根源**。一個人越是成功，越不會找藉口。九九％的失敗都是因為人們慣於找藉口。」

捫心自問，當你做不好一件事情的時候，你願賭服輸嗎？是承認自己真的不夠好，還是找個藉口自我安慰呢？

2

別人工作不錯，我們會說，他運氣好，進了好公司。

別人成績不錯，我們會說，他家境好，受了良好教育。

別人收入不錯，我們會說，他機會好，碰到了好老闆。

永遠有藉口，永遠有理由，為什麼就不能接受別人真的是年輕有為？因為可悲的自尊心不允許我們承認失敗，我們不願意面對現實，於是會用一千、一萬個理由來為自己脫身，其實這樣做毫無意義。

年輕的時候我們憤世嫉俗，覺得自己懷才不遇，對世界上一切不公平的現象說「不」，這種「憤青」的狀態是可以理解的，因為年輕。

可若是在職場混跡十多年後仍然「不改初衷」，只是從「憤青」變成「老憤青」，那就要從自己身上找原因了。比如，藉口太多，一碰到問題就逃避，給自己的懶散和無能找替罪羔羊。

3

你做不完的工作，總有人可以完成。

你攀登不了的高峰，總有人可以征服。

你覺得不可能的任務，總有人可以完成。

你覺得無比困難的技能，總有人可以掌握。

這個世界上所有的不可能，都是用來打破的。如果屈從於現實，一次次打退堂鼓，只能任時間流逝而沒有任何收穫。

不妨認真想想，你身邊那些成功人士，那些「別人家的孩子」，他們是如何面對困難和解決問題的。說一聲「放棄」很簡單，可你真的嘗試過嗎？真的拚盡全力爭取過嗎？人對於未知的事物會本能地畏懼和抗拒，害怕面對不可知的未來，這是人的天性，但畏懼、抗拒不代表不能戰勝困難。能克服心理障礙、勇於面對和探索的人，才是真的勇士，是人生路上的攀登者。

4 /

傳說，明朝萬曆年間，號稱天下第一關的山海關年久失修，經過風吹日曬，就連「天下第一關」這五個字中的「一」字也日漸脫落。

這塊匾本是明憲宗成化年間進士——福建按察司僉事蕭顯所書。一百多年過去，到了萬曆年間，字跡脫落是自然的事情。

朝廷要求重新恢復這五個字，畢竟是「兩京鎖鑰無雙地，萬里長城第一關」，怎麼能連個像樣的匾額都沒有，太說不過去了。可朝中幾位大人都嘗試了，這個「一」字怎麼都寫不出蕭老先生的味道。

皇帝無奈，於是昭告天下，誰能把這個「一」字寫好，就能獲得重賞。可結果讓人大跌眼鏡，一位店小二打敗了所有飽學之士，寫出了這個「一」字的風骨和神韻。

眾人好奇，一個店小二如何能辦到兩榜進士都辦不到的事？

店小二回答，其實沒有什麼秘訣，就因為他二十多年都在店裡當小二，天天對著山海關的牌匾，擦桌子的時候習慣性地用抹布臨摹。時間一長就有了感覺，能把這個「一」字寫出來，甚至寫得惟妙惟肖。

5

這個故事不論真假，起碼告訴了我們一個道理：**專注能帶來意想不到的力量**。一個店小二，可能連書都沒讀過，也沒有名師大儒指點功課，更不知書法為何物，卻能做到大家都做不到的事。如果這位店小二認為自己不行，一開始就打退堂鼓，不敢嘗試，又怎麼可能有意外的收穫呢？

有一些「聰明人」總喜歡走捷徑，想不費力氣或者少費力氣達到目的，結果往往走了太多的彎路。而許多「笨人」因為沒有想太多，只是執著地堅持，經過時間的淬煉，終會鑄就自己的核心價值和競爭力。

碰到困難的時候，先別找藉口，先認真想想，自己付出了多少的心血做這件事情，有沒有盡到全力。

這個世界上本沒有奇跡，無非是千錘百煉後的結果。

藉口多了，人就廢了；專注久了，奇跡自來。

你不是佛系青年，你是懶

1／

「佛系青年」這個詞不知道從什麼時候開始流行起來，弄得許多人都喜歡把「佛系」掛在嘴邊。要是你太功利、太激進，反而會引起一些朋友的嘲笑和規勸：「佛系一些吧，人生短暫，不要把精力投入在許多無意義的事情上。」

有的時候我會想，這麼努力、這麼拚究竟為了什麼？究竟值不值得？很多人沒有那麼強烈的事業心和物質追求，反而過得輕鬆自然，狀態和心態都好很多。

這個時候或許有朋友來勸你：「停一下吧，看看這個世界，有太多事情值得去關注，不要把自己逼得那麼狠，要多休息。工作嘛，過得去就行了，佛系一些就好，事情永遠做不完，賺錢是無止境的。」

聽起來是有些道理，我們應該把時間花在享受人生上，不要為了五斗米而折腰，不要有了五斗米還巴望著外面的十斗米。可事實上，**很多人佛系並不是心態有多好，而是為自己的懶惰和無能找藉口！**

努力一下，發現很難成功；用心幾天，發現實在辛苦。一次次碰壁，一次次被現實打擊得體無完膚，一旦找到了「佛系」這個藉口，便順理成章地有了自我安慰的良藥。

我不是不能升職，而是覺得沒必要那麼拚，佛系一些吧。

我收入比較穩定，是我不想卯足勁賺錢，佛系一些吧。

我對跳槽沒興趣，工作去哪裡都一樣做，佛系一些吧。

我對換房沒想法，小房子住得也很舒服，佛系一些吧……

真的沒興趣？真的沒想法？讓你升職你不要？給你加薪你拒絕？獵頭三倍薪水挖你，你無動於衷？用三分之一的市場價買一套大房子，你會繼續佛系？我想大多數人是不會的。利益送上門，怎麼可能不要？之所以佛系，是因為靠自己的雙手要得到這些東西太難了，要付出的辛苦和時間太多了！

佛系，除了是自我安慰，也是自暴自棄下的一種出路，用這個理由讓自己的無所事事、不上進變得心安理得。對於大多數人的「佛系」，我的理解是，你不是佛系，你是懶！

2／

這個世界上的絕大多數人是沒有資格佛系的。

我有個朋友的確很佛系，他是我的老闆，也是合作夥伴。他每天可以用大量時間閱讀思考，享受人生，早上睡到自然醒，下午去公司待幾個小時，看看有什麼需要幫忙的。幾千萬元的新項目，他完全提不起勁，多賺點少賺點根本無所謂，每天股票的波動都是七位數上下，看都懶得看，心態完全稱得上佛系。

可事實上，他佛系是因為他已經實現了財務自由，可以把更多精力放在家庭上，放在人生價值和意義的思考和體驗上，可以不用把全身心的精力放在工作上。

早些年呢？他也需要所有工作都親力親為，全力以赴，經歷過起起落落，經受過江湖風雨，才有了今天的事業和地位。不勞而獲根本不可能，只有當你有了充分的收穫，或許才有資格考慮自由，做到佛系。

曾經看過郭德綱的一個採訪影片，他提到自己當年三次進北京拜相聲大師學藝而不得。他認為自己能有今天的成就和地位，全是憑當年自己一無所有，加上前輩們的逼迫屈從和打壓，硬生生逼出來的。但凡一開始哪位老師肯留他，收他進門，或許就沒有後來的德雲社，也就沒有郭德綱在相聲界獨樹一幟的地位了。

郭德綱說過兩句話，我印象很深刻。第一句是「我願意給你當狗，但是你怕我咬你，你非把我轟出去，結果我成了龍了」。第二句是「使我有洛陽二頃田，安能配六國相印」。

他是用蘇秦的典故自比。《史記．蘇秦列傳》記載：「蘇秦喟然歎曰：此一人之身，富貴則親戚畏懼之，貧賤則輕易之，況眾人乎！且使我有洛陽負郭田二頃，吾豈能佩六國相印乎！」

郭德綱努力了幾次不成，如果他認命，覺得自己不行，或者運氣不佳，開始變得佛系，那麼他今天或許只是一個平庸的大爺。

3／

在當今的競爭社會中，佛系的心態是最要不得的，否則會嚴重妨礙一個人的成長。

當你一事無成、碌碌無為時，當你受到打擊時，佛系都有可能變成你的擋箭牌，讓你在艱難的攀爬過程中放棄。上升的通道一定是狹窄的，磨煉的階段必然是辛苦的。心懷夢想才能在高山之巔仰望星空，思考人生的意義。年輕人一旦追求佛系，就意味著在競爭社會中逐漸放棄競爭，隨波逐流，跟身邊人的差距就會越來越大。

忘了在哪裡看過一個小故事，大意是這樣的。一隻鷹坐在高高的樹上休息，無所事事。一隻小兔子看見鷹如此悠閒，於是上前問他：「我能像你一樣休息，什麼事情都不幹嗎？」

老鷹回答：「當然可以啊，為什麼不行？」

於是兔子就在老鷹下面的地上躺著休息。突然間，一隻狐狸出現，猛撲向兔子，搶到了自己的午餐。

這個故事告訴我們，要想悠閒度日、無所事事，就必須坐在非常高的位置。當你擁有這個能力和眼界時，才可以從容地享受片刻的悠閒時光，才可以佛系，不介意一些得失。

可如果你沒到這個高度，沒有這份能力，沒有足夠的經驗和閱歷的沉澱，那麼為了佛系而佛系，就等於放棄了對自己命運的主宰，只能被現實推著走，沒有任何反抗的能力。

4

對於每個人而言，一生中改變自己命運的機會可能只有三次。

第一次是父母給的。父母給了我們出身，而出身這一點我們無法選擇。優越的家庭、良好的教育、美好的成長環境是每個人都嚮往的，但是未必人人都能擁有。

第二次是伴侶給的。你們的孩子和家庭，你們的生活和將來，需要用自己的雙手創造。伴侶如果樂觀、上進，那麼我們也可能會隨之而改變。

第三次是自己給的。靠自己的不懈努力，打破固有的生活僵局，拚一個未來，這是最直接的機會。我們如此之長的職業生涯，可以改變和創造的太多了。

若這三次機會都錯過了，選擇佛系面對這個世界的變化，那麼不確定因素就太多太多了。難道真的要等天上掉餡餅嗎？

即使天上真的會掉餡餅，你又憑什麼認為餡餅會砸到你的頭上？那些隨時做著起跳準備的人，難道不會在餡餅掉下來的一刻迅速從你頭上搶走嗎？

很多擁有更好資源的人，起跑線已經比你靠前了一大截，他們還勤奮努力，用心學習，還卯足了勁往前衝，你又有什麼資格佛系？除非你已經決定認命，決定放棄。

起點差，出身低，底子薄，這從來不是原罪。你不努力，不用心，把時間浪費掉，這才是原罪，怨不得別人不給你機會。

無能的人會選擇佛系，自怨自艾；真的勇士會奮起直追，全力以赴。

沒有傘的孩子就要努力奔跑，拚一個前程似錦，引一世繁華加身。

5

生存壓力大、貧富差距大、逆襲很困難，這都是事實，可如果你變得佛系，隨波逐流，這些事實依舊存在，只是你把自己封閉起來了。這個世界還是照樣轉動，少了誰都沒關係。

馬伯寅的《北大青年》一書中有這樣的句子：「你所做的一切，都塑造著你的骨肉和思想，也改變著某個角落的時空。然後，錙銖積累，水滴石穿，一切都將虹銷雨霽，雲開月明。」

如果你不願意庸庸碌碌，不想一輩子蹉跎無為，就放棄「佛系」這個詞，因為它哪怕有三分自嘲，兩分無奈，都會拖住你前進的腳步。

收起幻想，抬起頭，正視前方吧。

當聰明人遇到困境

1

在米課圈看到一個很有意思的案例，有位朋友抱怨在國外做線下推廣比較困難，很多客戶約不上，或者很容易吃閉門羹，而且英語不是自己的母語，拿起電話臨場發揮的時候，多少會有一些緊張。

如果讓我給他點建議，我的思路大致可以分為以下幾個步驟。

第一，拜訪客戶。最理想的狀態是預約，在國內的時候就先跟客戶約好。比如，告訴客戶你計畫到澳大利亞去出差，把具體時間也告訴客戶，然後告知對方希望能有機會與他見面，談談具體的專案。

第二，重複第一步，把大致可以約見的客戶羅列好，定下基本的時間。因為客戶可能會臨時調整，所以我們一般會預先留出前後的時間，以隨機應變。

第三，當前兩步完成後，若時間還有富餘，就在當地透過Google或社交軟體搜索目標客戶，然後打電話說明來意，再發郵件跟進，試試看能否有意外之喜，預約到客戶。

第四，陌生拜訪自然是需要的，但這僅僅是輔助的。當能拜訪的客戶都拜訪過了，剩餘時間就是賭賭運氣，查詢目標客戶的門市或者辦公室位址，鼓起勇氣上門。

第五，準備好詳細的公司簡介和相關內容，帶足資料和樣品，不至於在跟客戶談判的時候一問三不知。

第六，準備好伴手禮，禮多人不怪。

2／

當我看到老友汪晟對此條消息的回覆時，我默默打消了給出我的建議的想法，把已經寫好的內容一行一行地刪除了。因為我發現，我說的都是很教條的內容，也就是說，大家都知道，往往也會這麼做。這些基本功有助於把事情做得條理化和專業化，卻無助於破局。

老汪是這麼回覆的：「下次過去約客戶約不到的時候，可以臨時雇一個本地人，付時薪，讓他／她打電話跟對方說：『我中國的老闆想見你。』這樣比自己約陌生客戶的效果要好。在語言能力偏弱的情況下，甚至可以帶他／她去做線下推廣……」後面還補充了很好用的網站和工具，介紹了如何找到這樣的人。

我不由感慨，當我們正經八百做事的時候，也應該想想有沒有其他可能的「偷懶」的辦法。或者說，在碰到困難的時候，可以做一些變通，另闢蹊徑，從側面達到目的。

對於老汪的敏捷思維，審時度勢，我不得不佩服！假如我處於他的立場，這些我肯定是做不到的，我的思維發散不到這個層面。

或許多給我一些時間，我也能想到這樣的辦法，但是絕對沒有那麼快。這種「急智」就是最了不起的。

這就是典型的聰明人，總能在不經意間奇招迭出。

3/

突然想到幾年前我在紐西蘭的一次經歷。因為那時候有在當地買房的打算，所以我需要開一個當地的銀行卡。於是我打電話給 Westpac 銀行進行預約，然後去銀行開戶。

有過海外求學和工作經歷的朋友都知道，要申請銀行帳戶，需要有一個當地的合法住址。但是我們中國人往往習慣找華人租房，朋友間簽一個簡單的協議，然後透過支付寶等平臺轉帳來支付房租，不存在當地帳戶之間的交易，更何況我當時還沒有開戶。也就是說，我並沒有合法的租房合約，房東也沒有給政府交稅等，我們的租房交易是私下進行的。這樣一來，我就無法拿到合法地址去銀行開戶。

要取得銀行認可的合法地址，要麼透過合法的租賃合約，上面列清楚我的名字、護照號、簽證資訊、詳細住址；要麼透過銀行或者相關部門的水電費類的帳單，如果有這裡的帳單就能證明住在這個位址；要麼就是持有當地的駕照。

而我當時的情況是，我沒有租賃合約，我找華人租的房是用人民幣轉帳的；水電費之類的帳單上是房東的名字，跟我沒關係；我那時剛從中國過去不久，持中國香港駕照在紐西蘭開車，沒有當地駕照。想來想去，所有的條件我都不滿足，我無法得到一個合法的住址證明。

怎麼辦呢？我一個同事採取的是硬槓的手法，要求他的房東必須給他提供合法租賃合約，因為有了租賃的事實。如果房東不給合約，他就去有關部門告房東。結果弄得雙方很不開心，我同事也被趕走了……

而我在辦手機卡的時候，偶然得到了靈感。當時在奧克蘭東區的某家沃達豐（Vodafone）營業廳，一位韓國小哥接待了我，推薦了一個適合我的套餐，然後複印了我的護照和簽證頁。在登記了詳細資訊後，這位小哥讓我填寫我的居住位址，並且表示，以後每個月的帳單都會寄到這個位址。

我突然想到了破局的辦法，連忙跟這位小哥說，希望他當下就寄一封信給我，列一下我的套餐和帳單，寄到我的住址。這位小哥表示可以，就給我寄了一個餘額明細表，表內有我的套餐資料和電話卡的餘額。

這下終於達到了目的。接下來的三天內，我就收到了Vodafone寄給我的一封信，上面列明了我的名字和住址。

我帶著這封信，作為住址證明，順利在兩家銀行開了私人帳戶。

4

舉這個例子不是為了標榜我有多聰明，而是想說，大多數人的急智是在某個場景下受到啟發，而後調動過往的生活經歷才迸發出來的，而不是憑空就能想出一整套的解決方案。

遇到困境的時候，迅速找到可能的出路，馬上執行、嘗試，這個難度不是一般的大。它需要我們多思考、多經歷、多閱讀，不斷創新，用各種可能的方法去假設和求證。

我現在總是提醒自己要勤於思考，總會想，如果汪晟碰到這個問題，他會如何處理。如果正兵無法破局，那麼如何用奇兵？

聰明人面對困難的時候，是不會到處問該怎麼辦的。他們總能找到辦法解決問題，而不是製造更多的問題。

希望我們都能成為聰明人。

Chapter 8

努力多年效果平平，為什麼？

摘得星辰滿袖行

王國維〈鷓鴣天・列炬歸來酒未醒〉

金子原是不會發光的

1／

我們都聽到過類似的話：「只要是金子，總會發光的。」這句話出自德國大哲學家尼采，他的原話是這樣的：「是金子，埋在哪兒都會發光。」

我們從中得到了暗示，加上自己的腦補，就變成了「只要自己是人才，終究會飛黃騰達，到達自己應該在的位置」。

可事實真的是這樣嗎？

從物理學的角度看，黃金本身是不會發光的。而且不只是黃金，包括我們肉眼看上去閃閃發亮的鉑金、白銀，其實都不會發光。它們之所以光彩奪目，是因為它們的反光能力特別強。

目前我們普遍認為，光的本質是電磁波，當光線接觸到金屬時，一小部分會被金屬表面形成的等離子體震盪吸收，而大部分會被反射而無法進入材料內部。

黃金是金屬的一種，幾乎所有的金屬都由金屬離子和大量的自由運動的電子組成。就是這些運動的電子，把大量的光線反射了，這才有了我們視覺上所認為的「發光」。

在沒有光線或者光線很微弱的空間裡，哪怕你手裡拿著一大塊金子，它也不會發光。

2

如果將金子比喻成人才，人才自己能發光嗎？大多數情況下不能，人才要發光，需要有特定的環境和場合，也關係到平臺和機遇。

這就是為什麼人們會有「千里馬常有，但伯樂不常有」的感慨。在沒有遇到伯樂的時候，如果千里馬其貌不揚，那麼或許就沒有被相中的機會了。

在職場上，我們有能力、有才華是好事情，可也要匹配相應的資源、平臺，或者有貴人相助，這樣或許才有一飛沖天的機會。所以，「金子」要做的是巧妙地展示自己，更大程度地曝光自己，讓更多人知道和關注自己。

表面上看，有才能的人到哪裡都能混得開，去哪裡都能生存，去哪個城市都不愁沒飯吃。可事實並非這樣，人才有聚集效應，其對應的產業同樣有聚集效應。

舉個例子，你是網路領域的工程師，名校畢業，技術過硬，照理說可以謀得一份不錯的工作。但中國這類職位高度集中在北京、深圳、杭州等網路公司聚集的地方。如果你偏偏要留在湖北襄陽工作，也不是不行，但襄陽的網路領域大企業和相應的優質資源就會少很多。你或許是人才，但是襄陽沒有讓你一展抱負的機會，同樣沒有很好的平臺去栽培你。

另外，就算你能力出眾，是被埋沒的金子，但在公司裡，決定你的職位、薪水和工作職能的是你的上司，是老闆。而他們未必就會看重你。他們也許會留住你，你也願意留下，可這不代表你能發光。

聽明的「金子」會想方設法找到光源，把自己照得金光閃閃的，這樣才能吸引別人的目光。我們不能依靠盲目的毛遂自薦讓自己脫穎而出，在缺乏像樣的背景和金字招牌的時候，自薦是不具備說服力的。

3／

三國時，諸葛亮聲名赫赫，輔佐劉備定蜀漢江山，他是金子嗎？當然是。那麼他是如何發光的呢？難道是因為他有才能、有學識，像個大燈泡一樣，幾千里之外的人都能看得到他？

事實並非如此。古代通信不發達，要讓眾人關注，就一定要巧妙地行銷自己，把名聲打出去。

諸葛亮是怎麼做的呢？寫文章？寫詩？到處投簡歷？都不是。他採取了另一條路：隱居。因為在那個時代，大人物都有一種觀念，就是真正的人才都是隱居的，俗人才會在外謀事。

諸葛亮沒有資歷和人脈，也沒有名聲，隱居有什麼意義呢？大家都沒聽說過他，也不認識他，隱居豈不是更加沒人知道他了？孔明先生可沒這麼傻，他有一整套「個人ＩＰ」的打造方式。他的手法可是一環扣一環的，這第一手段就是「炒作」！

怎麼「炒作」？他整天在人前高聲吟唱〈梁父吟〉。大家或許要問，〈梁父吟〉是什麼？其實這是給死人送葬時唱的歌，差不多是一路歸西、一路走好的意思。

諸葛亮一天到晚唱這種不吉利的歌，別人怎麼想？加上諸葛亮故意時而瘋癲，時而正常，大家都覺得他精神分裂。慢慢地，外地人都知道這裡有個人很奇怪，大家好奇得要命，都想來親眼見見諸葛亮。

4

結果，外地人都競相前來，想看看諸葛亮究竟是什麼樣的「怪人」。沒想到一見面、一聊天，發現諸葛亮很正常，不僅沒毛病，而且思維清晰、才華橫溢，分析時局一套一套的，非常了不起，絕對是青年才俊。他平時喜歡自比管仲、樂毅，看來並不誇張，他是有真才實學的。

藉由這一套「炒作」手法，寧可被當作神經病，也要把名聲打出去，來個惡俗行銷都在所不惜，果然得到了意想不到的效果。諸葛亮由此結識了徐庶、龐統、馬良這些同樣有才華的年輕人，擴展了他的人脈圈。

這樣做還不夠，靠幾個年輕人相互吹捧，大人物未必會知道他。怎麼辦呢？諸葛亮還有第二手段，就是架構平臺。

史書上記載，諸葛亮妻子貌醜，但是他妻子是當地名士黃承彥的女兒。透過這次聯姻，諸葛亮得到了黃承彥在襄陽的人脈，可以跟其他名士相互論交。黃承彥還有另外一個重要身分，就是蔡瑁的妹夫。

蔡瑁協助劉表平定荊州，是劉表的軍師和智囊，位高權重，儼然一方諸侯。而劉表本身就是皇族，東漢末年被朝廷封為鎮南將軍，可謂獨霸一方。

鎮南將軍在那個時候是什麼地位，可能大家還不理解。我舉個例子，曹操當時的官職是鎮東將軍，跟劉表平級。

雖然曹操能憑實權挾天子以令諸侯，還有錄尚書事這個實權宰相的職位，但是劉表也算是一方土皇帝，曹操根本命令不了他。諸葛亮在劉表的地盤，當然很清楚誰是老大，誰才是這裡真正掌權的人。透過岳父黃承彥，諸葛亮得以跟蔡瑁有些交情和往來。再通過蔡瑁穿針引線，劉表就知道了諸葛亮的存在。

5

也許你會說，這萬一是巧合呢，諸葛亮和妻子或許就是真愛啊，不能這麼功利。那就看看第二個巧合，就是諸葛亮的大姐嫁給了蒯祺。

蒯家是南郡望族，其家族出了不少的人傑，蒯祺自己是房陵太守，兩個叔叔蒯良和蒯越都是劉表的謀士。蒯越在劉表死後投降曹操，一度還當到了九卿之一的光祿勳，可謂位高權重，這都是後話了。

諸葛亮大姐的這一次聯姻，大大提升了諸葛家族的分量，也讓諸葛亮藉此跟荊州、襄陽等地的望族拉上了交情。

如果這還是巧合，那還有第三個巧合，就是諸葛亮他的二姐嫁給了龐山民。這又是一個了不起的年輕人，背後也藏著一個大家族。他姓龐，鳳雛先生龐統就是他堂弟。所以臥龍鳳雛，居然還是姻親。

透過三次聯姻，諸葛亮一個外來戶，跟本土勢力最強的幾個家族就有了千絲萬縷的關係，自己也成功打入了上層交際圈。這還是巧合嗎？

除此之外，諸葛亮還有第三手段，就是用名人為自己背書！

他拜隱士水鏡先生為師，一直執禮甚恭，把師傅伺候得無微不至。而且他的確有才華，讓水鏡先生深感欣慰，覺得他可以傳承衣缽，於是也賣力給徒弟站臺，逢人便誇諸葛亮的才華和見識。

這麼三手段下來，先炒作，再架構平臺，然後打造口碑，諸葛亮很快就名動天下，引得劉皇叔三顧茅廬，他也終於得以像金子一樣發光，而且無比耀眼奪目。

6／

如果諸葛亮沒有那三手段，僅僅是在當地死讀書，能夠有這樣的成就嗎？能一路做到蜀漢的丞相嗎？

很難說，但是這條路一定不會太容易。以現代的眼光來看，諸葛亮是對的，他是真正的人中龍鳳，所以知道如何替自己造勢，如何利用平臺和資源，如何透過名人背書來增加可信度，從而把自己打磨成一大塊閃亮的金子，熠熠奪目。

諸葛亮的案例可以說明，不要迷信努力就能改變一切，如果僅憑埋頭苦幹，也許你終此一生都會遺憾和抱怨。

認真工作，打磨一門核心技能，這十分有必要，這是自己吃飯的傢伙。但與此同時，也不要在一棵樹上吊死，要多看看外面的森林，隨時物色更好的機會和跳板，尋求一飛沖天的機遇。

不要被自己的思維所限制，覺得這個不行，那個不夠，這裡有風險，那裡有困難，沒做過怎麼知道呢？

如果你真是金子，也要設法營造各種對自己有利的條件，把光反射出去，讓自己賣個好價錢。有了身價和地位，有了伯樂和資源，你才可以從容不迫地展示自己的能力和才華，才不會跟好機會失之交臂、擦肩而過。

正如作家路遙所說：「生活不能叫人處處滿意。但即使這樣，我們也要不斷嘗試，不能被世俗的眼光給綁架，打破禁錮，活出屬於自己的驕傲與精彩。」

走捷徑的人理解不了時間複利

1

元代詩人王冕的〈遣興・其一〉有這樣的句子：「風雲一轉折，事業不可籌。何如澗底泉？清清長自流。」詩句道盡了人生的無常，風水輪流轉，東方不亮西方亮，也是很自然的事情。

我有一個中學同學，是一等一的學霸，成績一直排在年級前三名，而且每門功課都很強，基本沒有偏重某些科目。更厲害的是，他過得逍遙自在，打遊戲、踢足球、旅行、玩撞球、打保齡球，幾乎沒花多少時間在功課上。他不是那種人前逍遙人後拚命的人，或許是因為智商極高，學習效率和理解能力都超強，別人要學很久的東西，他簡單翻翻課本、稍微理解和思考一下，馬上就能舉一反三。

他的存在，顛覆了老師說的「成績都是靠題海堆出來的」這一觀點。他平時就連參考書、輔導書都沒有，除了學校的課本，其他什麼書都不買，什麼題都不做，但他就是有本事每次考試都名列前茅。

他有一套自己的邏輯，會根據試題揣摩老師的出題思路，反向尋找課本中對應的知識點，然後自己整理和梳理課本的重點內容和考試重點。因為他知道，所有的考題一定是對課本中某個知識點的應用，或者是對多個知識點的綜合應用。這就是他的捷徑，無往不利。所以，在別人拚命做題的時候，他根本不需要做題，而是從結果反推，從試題中尋找出題方向，然後解構內容，精確定位到具體的知識點。

按照現在的網路用語，這就是上帝視角。其思維遠高於同齡人，所以他可以用極少的時間得到相當豐厚的成果。

後來他以全市前十名的成績考上了當地最好的重點高中，幾年後又以高分考上了復旦大學，然後去美國學了電腦，去法國學了高能物理，直到拿著雙碩士學位回國，自帶光環，十分耀眼。

本以為他在學術路上或者職場上必然會一帆風順，成為眾家長口中的「別人家的孩子」，可近來得知，他這幾年過得非常不如意。

2／

回國後，他先去了上海的一家科研機構工作，由於忍受不了論資排輩和人浮於事的現象，做了不到一年就離職，去了北京一家IT公司。他覺得這家公司還行，聰明人很多，也有大量的「海歸」，平時大家也有共同語言，他做得很開心。可接下來的原始股認購沒輪到他，於是他一怒之下辭職了。

後來他去了杭州，在一家初創企業工作，但是享受過大企業充足的預算和團隊的支援，他根本無法適應小公司的瑣碎。用他的話說，小公司沒有格調和視野，只想著賺點錢，這樣的企業沒前途。可以想到，他再次辭職了。

他又去了香港打拚，在一家電訊盈科的子公司找到了一份還不錯的工作。可這份工作他只做了一年左右。離職的原因是，他發現內地人在香港企業會受排擠，雖然大家嘴上不承認，但不代表沒有這回事，中層職位都被香港本地人牢牢把持著，哪怕你能力再強，也沒有機會晉升，他感到前途黯淡。

接下來他去了深圳，在一家獨角獸公司做經理。但又因為跟高階主管合不來，覺得很多高階主管完全是「水貨」，外行指揮內行，內部管理一團糟，公司沒有企業文化，屬於看起來光鮮亮麗，內裡早已爛透的一類。他忍了一年多後再次辭職，又回到了杭州。

後面的幾年他自己創業過，去外企工作過，去民企幹過，但沒有一段工作可以堅持兩年以上。用他自己的話說：「這世界上蠢貨怎麼那麼多，找到能看得上眼又能共事的團隊太難了。」

聽了這些，我唏噓不已。我沒說出口的是，十幾年兜兜轉轉，難道沒有自己的問題？他太聰明了，什麼都能看透，而且事事計較，反而難以找到自己想要的。

他一直習慣走捷徑，而且總能找到抄近路的方法。這就導致他形成了思維定式，一碰到問題就想抄近路，想儘快達到目的。對所謂的積累和穩紮穩打，他沒興趣。

3

走捷徑上癮的人，往往不適應漫長的學習和打磨，對於按部就班的事情，他們是從骨子裡反感的。體現在職場上就是他們難以忍受「奧德賽時期」[1]，想迅速成功，迅速上位，迅速賺錢。所以他們一直在找好的機會，找風口，找高利潤的行業，找能給自己帶來高收入、高成長性的工作。對於苦活、髒活、累活，他們完全看不上。

這就是為什麼許多天才少年年少成名、才智卓絕，卻最終「泯然眾人」。

我讀中學的時候，新概念作文大賽熱門得一塌糊塗。中國無數的文學愛好者都嘗試著投稿，展示自己的才華，希望能追到自己的文學夢。

那些年的確出現了不少令人驚豔的文章，哪怕到今天都是一等一的水準。每年都有無數的新人嶄露頭角，展示自己的文字底子和語言駕馭能力。

可這麼多年過來了，可能除了韓寒、郭敬明等少數幾位，其他人早已在時代的洪流中被大家遺忘。如果說新概念作文大賽是文學的一個風口，是年輕人對於當代作家的一次逆襲，那麼逆襲過後，能夠沉澱下來逐漸成名的，往往是那些拚命努力、不斷錘煉和長期堅持的人。

他們最終成名，靠的不是某一篇驚豔的文章或是某一本暢銷作品，而是長期的產出。這就是堅持的力量，透過長時間反復打磨獲得複利，最終跑贏了大量有才華但曇花一現的年輕人。

寫一篇好文章容易，寫一本好書或許也不是太難，難的是長期堅持寫作，不斷輸出，一本接一本地出版，從而逐漸形成自己的內容矩陣和江湖地位。絕大多數人是無法做到長期輸出的，在成名和賺到錢以後就更難了。

4／

無數的選手在綜藝歌唱比賽中一戰成名，但是最終能成為職業歌手，而且在歌壇長期占據一席之地的又有幾人呢？大部分人在自己的本行業中沒有做到堅持，一旦成名就迅速膨脹、跑綜藝，而荒廢了專業技能的提升。

接廣告、上綜藝節目當然可以，這也是行銷和沉澱流量的手段，可如果迷戀於這些賺快錢的機會，從而弱化了自己的本職工作，那麼過氣的速度一定很快。因為比你年輕、顏值高、能力強、話題多的人會很快取代你。

一個歌手的核心競爭力是持續不斷地產出高品質的作品，靠一兩首歌成名，然後到處跑場賺錢，到處參加節目，看似風光，但背後的隱患就是根基不深。那一兩首成名之曲遲早會過時，會被時代所淘汰。

1 意指二十後段～三十歲的青年。

很多人抓住了風口，但是大多數人並沒有深挖，只是浮於表面，結果輸給了那些底子薄但善於長期積累的人。

任何行業或領域，真正站在金字塔塔尖的人都是專注於自己的本行業，不斷優化、學習，不斷打磨自己，才把防火牆一路推高的。這些人看的不是眼前的利益，而是很多年後的成就，這是一個長期的過程。

賽道、風口固然重要，但是選對賽道、搶到風口的人，最終成功的又有多少呢？這其中還是遵循80／20法則的。大多數人只能從中賺一波紅利，但無法長期沉澱，無法長久獲利。反而是那些沒那麼聰明、腦子沒那麼活、想法沒那麼多的人，選定了一個行業就踏踏實實沉澱和積累，長期專注和堅持，最後時間複利給自己帶來了最大的收益。

5／

我們在判斷一個行業值不值得做、應不應該嘗試的時候，首先要考慮兩個問題。

第一，我對這個行業的興趣有多大？

第二，我是否願意長期紮根在這個行業？

如果兩個答案都是肯定的，那就說明你可以日復一日、年復一年地專注和打磨、優化和反覆運算。不要擔心池子小、賽道短，只要你願意深挖，其實每個行業的天花板都很高。不要總想著走捷徑，時間複利的價值遠高於短期的風口和機遇所帶來的價值。

司馬遷說：「浴不必江海，要之去垢；馬不如騏驥，要之善走。」

不斷專注地做別人認為的傻事也許才是捷徑，因為時間能成就不凡。

一切皆有可能

突然收到一條私信，有個人問我出版的那些書是自己寫的，找槍手代筆的，還是抄襲的。這個人成為我的微信好友已兩年多，但是我們從來沒聊過，我都想不起他究竟是誰，又是什麼原因添加了對方。

我隨手回覆，都是自己寫的，不存在什麼抄襲或代筆。

對方質疑我，表示不信，因為他有以下幾個觀點及分析結論。

第一，我的第一本書出版於二〇一一年，那時我才二十七八歲，他認為我過於年輕，不具備出版財經類專業書的能力。

第二，我要工作，要錄課，有無比龐大的閱讀量，又要輸出大量的文章，還要回覆答疑，還寫了八九本書，從時間上來看根本不可能，因為安排不過來。

第三，書的題材跨度太大，有工具書、外貿書、英語學習類讀物，還有其他題材，內容差別太大，根本不像是同一個人完成的。

第四，每個人一天只有二十四小時，多工作業只是一個美好的想法，他嘗試過，發現根本做不到，很多事情需要利用大塊的時間。更何況除了工作，還要照顧家庭，還要帶孩子，等等。

綜合以上四點，他斷言，我的書很大機率是找槍手代筆的，這樣我才能抽出時間投入外貿這個主業，然後順便做線上課程。他除了認定我的書是別人代寫的，還認為我的自媒體帳號是助理運營的，答疑是助理回覆的，社交軟體是助理維護的，大量的自媒體文章也是助理執筆的。

真有那麼強悍的助理嗎？我也很想招一個。我沒有在這個問題上與他糾纏，也沒有嘲諷或詈罵，僅僅回覆了他一句：Impossible is nothing（一切皆有可能），就把他拉黑了。

很多人喜歡用自己的眼光和經歷，質疑別人的存在和行為。他跑不了馬拉松，就覺得別人也不行；他無法堅持健身，就認為別人也做不到；他一年看不了三本書，就覺得別人一年看一百本書是吹牛；他寫的書無人問津，就覺得別人的暢銷書是炒作、是造假。

這就是思維定式帶來的結果，根本沒辦法跟他解釋，也無法說清楚。因為他不理解，就不會接受，不管你說什麼，對方都會認為你在狡辯。與其浪費時間解釋、分析、證明，不如把寶貴的時間留給自己，做一些自己喜歡的、有價值的事情。

弱者，不去思考自己為什麼弱，而總是懷疑別人為什麼強。

一樣米養百樣人，每個人的情況都不同，這太正常了。批評別人容易，認清自己則難。時刻警醒，重視差距，虛心學習，奮起直追，咬緊牙關默默積累，等待可以展示才華的機會出現，這才是我們應該做的。

這個世上沒有什麼不可能。你做不到的事情，不代表別人也做不到。

放狠話往往是低情商的表現

1／

從南京祿口機場下飛機時已經是晚上十一點多，當我拖著沉重的行李到達酒店，時針已指向午夜十二點。那時的我滿臉疲憊，只想立刻辦完手續，回房間洗澡、睡覺，第二天還有繁重的工作，還有公開課需要準備。

不知道為什麼，明明排在我前面辦理入住手續的只有兩個人，可十多分鐘都沒有辦理完。我等得有些不耐煩，想去行政酒廊辦手續，可在電梯口被攔了下來，說行政酒廊已經關門，現在只能在大堂辦理入住。

我繼續等，又等了十多分鐘，那兩位顧客的手續依然沒有辦完。當時只有一個櫃檯提供對外服務，其他櫃檯空無一人。前臺工作人員非常磨蹭，我左等右等，已經超過了十二點半還沒輪到我。即便如此，居然還有兩個穿著酒店制服的員工站在櫃檯旁聊天說笑，根本無視我在排隊，無視我的焦急等待。

我心裡的不愉快到了極點，終於忍不住喊道：「難道沒有人能給我辦入住嗎？我等了半個多小時了，你們就這樣對待顧客嗎？」

聊天的兩位員工立刻停止閒聊，引導我至另一個櫃檯辦理入住，用了不到五分鐘就全部辦完，把房卡給我了。我當時非常不滿，隨口抱怨道：「五分鐘就可以完成的事情，你們讓顧客在一旁等了半個多小時，而且還是淩晨，這是你們的服務意識嗎？你們覺得合適嗎？」

辦理入住的先生一副滿不在乎的樣子，用官方的口吻回覆道：「抱歉，現在已經是午夜，我們酒店大堂只有一位前臺對外服務。」雖然說著抱歉，但是從他臉上看不出任何抱歉的樣子，好像浪費他的時間親自給我辦入住，是違反酒店規則的，是給了我天大的恩賜。

那一刻我還是強壓著怒火和不滿，心裡想跟他說：「我要找總部投訴你們！」但我最終什麼都沒說，也沒當場發作，只是面無表情地拿著房卡離開了。

電梯一路上行，我心裡就在盤算，我是直接找酒店方投訴，找酒店的中國區客服投訴，還是直接給美國總部寫郵件投訴。可進房間洗澡過後，我瞬間冷靜了下來。我覺得這是一件很無聊的事情，我可以投訴，這是我的權利，但是結果又如何呢？酒店方並沒有嚴重的過失，最多算服務不夠好，給我一個道歉又能怎麼樣？這家酒店我還是會經常入住，因為這是離米課南京總部最近的酒店，對我而言是最方便的。如果這次說了狠話，甚至大張旗鼓去投訴，那下次再碰到同一個人給我辦理入住豈不是很尷尬？

突然間我有些慶倖，職場多年的歷練讓我可以很好地控制情緒。成年人的世界裡只有面對問題和解決問題，沒人會為你的情緒買單，也沒人會為你的怒氣感同身受。

既然如此，那麼滿腹牢騷、說一通狠話又有什麼意義呢？無非是徒增笑柄而已。

2

寫到「笑柄」這個詞，我想起了很多年前參加著名企業家余世維先生的講座時聽到的一個案例。時隔多年，我已很難完整地回憶起他的原話，只能記一個大概。

他講的是在某家大企業，部門經理對某位員工特別反感，覺得這個員工工作懶散，不夠聽話，不僅工作態度有問題，做事情也一塌糊塗。某一天經理忍無可忍，當著大家的面狠狠斥責了這位員工，並當場撂下狠話：「你等著，我明天就讓你下崗！」

殊不知這位員工是公司某位高階主管的親屬，公司並沒有如部門經理所願，將這位員工辭退，反而安撫經理，不要跟這位員工一般見識。

接下來的日子裡，只要經理到了辦公室，這位員工就會捧著茶杯，當著大家的面走到經理面前念叨：「我怎麼還沒下崗，我怎麼還沒下崗，我什麼時候才能下崗呢？」

經理說了句狠話，卻執行不下去，這麼一來，他在員工面前的威信何存？他以後如何保持良好的心態和狀態繼續帶領團隊？他又該如何面對這個自己炒不掉還每天「抬頭不見低頭見」的下屬？他必然會成為公司裡的笑柄，成為同事茶餘飯後的話題。我不知道這個故事的下文是什麼，這個經理接下來會怎麼做。設身處地考慮，若我是部門經理，那麼我真的無顏留在公司，只能選擇灰溜溜地離開。

無獨有偶，我想起在香港公司工作的一次經歷。在那次經歷中，我上司給我好好上了一課，即在碰到困境時，不做無謂的嘴上爭執，不說狠話，也不把問題搞砸，而是不動聲色地把問題解決。這對於我後來的思維方式和處理問題的方法，起到了難以言喻的引領作用。我也明白了，哪怕一條路走不通，哪怕用盡了全力都無法打開局面，也不要惱羞成怒，而是要設法曲線救國。

3

當時一個美國大客戶的傢俱組買手換人了，原先跟我們打交道多年的買手因為內部工作調動，轉而負責運動類產品去了。對方公司委派了一位義大利裔的美國人，負責戶外傢俱的採購，跟我們對接。

不知道什麼原因，這位先生對我們十分不友好，無論我如何認真應對，怎麼寫郵件跟進，怎麼小心翼翼，他永遠是冷處理——不回覆。我打電話跟進，他也是寒暄一兩句，打打官腔就掛了電話，事情從來沒有實質性進展。

在我一籌莫展之際，打算給買手寫一封措辭激烈的郵件，然後副本給他的同事和高階主管，這時我上司開始介入這個項目。

他先是跟對方的採購總監聯繫，回顧了過去多年的合作，並向對方介紹了我們當年的供應商和最新的系列選品，並提供了整理後的報價單和電子樣本參考。

然後他又聯繫了對方公司負責庫存管理和品質管理的相關人員，瞭解了過去訂單的庫存情況和預計下單時間，看看什麼時候選品和洽談細節最合適。

接下來他對接了對方的傢俱組設計總監，瞭解了當年的顏色、款式、料子和主題，需要我們這邊如何打樣、配合。

這樣下來，對於整體的專案，我的上司心裡已經有了大致的勾畫，知道了該怎麼做，心裡也有了一定的方向。

這個時候他才主動聯繫那位不配合的買手。他先寄了一包不錯的咖啡豆作為小禮物，只是為了可以跟他說得上話，為接下來的溝通做一個鋪墊，然後再透過視訊會議與他溝通了專案的安排和進展。

那位買手一看，自己的上司和同事都跟我們交情不錯，溝通也順利，他若是繼續冷處理，意義也不是太大，因為如果沒有太好的理由換供應商，總部那邊是無法通過的。再加上我方主動釋放出善意，透過一包咖啡豆作為切入點，他也就「順坡下驢」，回到了談判桌。

4／

我上司透過這種不動聲色的處理方式，從對方身邊的同事和上司入手，打通了關節，但是又不至於冷落那位買手而徹底把他得罪。

一系列組合拳打出去，看起來眼花繚亂，但是步步為營，一環扣一環，沒有一句狠話，沒有任何激烈的言辭，連爭吵都沒有，就順順利利把事情給解決了，這種手腕才是值得我們學習的。

後來我上司跟我說，**放狠話其實代表你內心深處已經認輸了**，你覺得自己無計可施，只能透過說狠話挽回一點顏面。但是生意場上顏面毫無用處。大家需要的是解決問題，爭取訂單，幫公司取得利益，而不是出一口氣。

我開始明白，職場不是小孩子扮家家酒，許多人根本不會照顧你的情緒，也不會看你的臉色，不公平和矛盾都是再正常不過的事情。

我們都是成年人，要懂得克制，懂得謹言慎行，在不確定能把對方一下子打垮且令對方徹底翻不了身的情況下，不要隨意說威脅的話，更不要做出任何會引起誤會的舉動。

不管身居何位，都要儘量少樹敵，給自己多留一條後路。放狠話，除了說出口的那一刻過癮，對工作、對生活都毫無幫助。

我想到了毛主席在〈和柳亞子先生〉一詩中的最後四句：「牢騷太盛防腸斷，風物長宜放眼量。莫道昆明池水淺，觀魚勝過富春江。」又想到了〈論語．里仁〉中的「君子欲訥於言而敏於行」。放狠話或許只是低情商的表現吧。

深入剖析「三思而後行」

1

「三思而後行」出自《論語．公冶長》，原文是：「季文子三思而後行。子聞之，曰：『再，斯可矣。』」大意是，季文子做事總是反覆思考而後行動。孔子聽聞後說，要他思考兩次，再借鑒以往的經驗，就可以了。

「三思」的本意並不是「思考三次」，而是「思考多次」。我們做一個決定之前要多思考，而不要悶頭往前衝，否則只會浪費大量的時間和心血。

在生意場上，大家對「三思而後行」這句話有不同的理解。很多人認為思考是必要的，但過度思考只會讓人瞻前顧後，貽誤戰機。

比如，創業這件事情，往往是很難做到萬事俱備的，總有這樣那樣的困難擋在你的面前。如果考慮得太多，反而什麼都做不了。等準備充分了，機會也早已錯過。還不如邊做邊看，邊處理麻煩邊解決困難，或許還能闖出一片天地。

認真思考、分析問題後再行動，跟迅速把握市場脈搏，果斷出擊是兩個概念，二者並不矛盾。

2

電視劇《大明王朝1566》中，東廠提督太監馮保得罪了他的上司——司禮監掌印太監呂芳。原因是，嘉靖三十九年，整個冬天沒有下雪。看不到「瑞雪兆豐年」的跡象，民間認為是皇帝失德，受到了上天懲戒，因此謠言四起。再加上欽天監的含糊，皇帝被迫下「罪己詔」——「萬方有罪，罪在朕躬」，心情極度鬱悶。

到了正月十五，天降大雪，馮保看到後很開心，在沒有得到上司允許的前提下擅自跑去給皇帝報祥瑞，這就犯了「越級」的大忌，於是把頂頭上司呂芳給得罪了，同時也得罪了內閣。不論在官場還是商場，越級往往代表了破壞規則，容易引來一大堆麻煩。

馮保的行為並沒有得到皇帝的嘉獎，他也沒有因此而升官，反而因為得罪了上司和文官而被冷落，只能跪在雪地裡求呂芳原諒。

呂芳對馮保講了一段話：「做官要三思！什麼叫『三思』？『三思』就是『思危、思退、思變』！知道了危險能躲開危險，這叫『思危』；躲到人家都不再注意你的地方，這叫『思退』；退下來就有機會，再慢慢看、慢慢想自己以前哪兒錯了，往後該怎麼做，這叫『思變』！」

我覺得，用「思危、思退、思變」作為三思的補充和解釋，這本身就是大智慧，對「三思而後行」這個抽象的行為做了進一步的量化，把相對虛無的東西變得實實在在。

3

做一件事情前，先想想風險在哪裡，這就是「思危」。如果評估了風險等級，覺得自己能夠控制，也可以承受，存在風險就不是太大的問題。未慮勝先慮敗，別一門心思只看到眼前的利益，還要想想危險究竟有哪些、在哪裡。

這一步完成後，還要考慮萬一碰到最壞的結果，自己是否有退路，有沒有Plan B，這就是「思退」。比如，你對現有工作不滿，不想幹了，你的退路在哪裡？你有一定的存款可以維持接下來的生活嗎？有其他工作等著你嗎？有更好的選擇嗎？如果什麼都沒有，那不妨考慮一下，裸辭也許是一個糟糕的決定。

此外，一旦碰到好機會，就要果斷抓住，不要輕易錯過，這就是「思變」。如今廠商給客戶代工利潤很低，開發新客戶又很困難，這是現狀。如果有一個客戶願意跟你深度合作，雙方共同運營新品牌，打開一個全新市場，這對你而言就是新的機會，這次合作或許能促成公司的下一個增長點。如果風險可以承受，也有退路，那何樂而不為呢？

把「三思」做拆解，就相當於一種SWOT分析法[2]，即做決策之前先深度思考，問自己三個問題。

❶ 我們的風險是什麼？

❷ 我們的退路在何處？

❸ 我們的機會怎麼抓？

然後分析、比較自己的優勢和特點，綜合考慮市場情況，再根據同行的情況進行橫向比較，這樣往往就可以找到商業計畫書的核心內容。

「憲先靈而齊軌，必三思以顧愆。」相比之下，英文裡的think twice大而化之，就有些相形見絀了。

2 一種企業戰略分析方法，又稱優劣勢分析法、態勢分析法。即將與研究物件密切相關的內部優勢、劣勢，外部的機會、威脅等，透過調查列舉出來，並依照矩陣形式排列，然後用系統分析的思想，把各種因素相互匹配並加以分析，從中得出一系列相應的結論。其中，S（strengths）是優勢，W（weaknesses）是劣勢，O（opportunities）是機會，T（threats）是威脅。

跟「職場巨嬰」說再見

1/

我有一個朋友是三個孩子的母親，她的故事非常勵志。她經營著自己的外貿生意，還在當地投資了一家超市。她註冊的用戶名非常有意思，就是「三寶媽」，一聽就會知道她是十分自立的女性形象。

某天她在社交軟體上更新了一條動態，內容我特地摘錄了下來。

前段時間，一位顧客介紹了他的鄰居來店裡應聘，這位鄰居一進門我就愣住了。三十八歲的大男人，居然是由老母親陪同來面試的。當我們談到工作內容時，那位老母親時不時插上幾句：「還要搞衛生的啊？拿抹布隨便擦一下就行了，能有多髒。」「先試做一段時間嘛，行就做，不行就不做」……

難怪三十八歲還沒結婚，這媽管得也太寬泛了。我們的店豈是別人想來試就能試的，豈能容外人指手畫腳，由外人干涉我們的工作內容。

儘管那男的後來單獨找我們談了一次，表達了想在這裡工作的意願，但我們最終還是果斷地將他Pass了，千萬不要招惹不該招惹的人。

我慶幸這位朋友沒有心軟，給自己減少了許多可能存在的後患。我給她的回覆是：「Mommy Boy不能招，千萬要遠離，更何況還是三十八歲的老媽寶男。」

想到我做第一份工作時候的一件事。公司招聘過一位司機，四十歲左右。其實對於司機來說，這個年齡很正常，人事部門的同事也沒有想太多，就直接通知他來面試了。

結果他來的時候居然是媽媽陪同，大家都很吃驚。但是老太太特別會做人，帶著親手做的糕點分給同事們吃。她說自己正好做了糕點，兒子要過來面試，她就帶來分給大家一起吃，讓大家嘗嘗她的手藝。

老太太還一直強調，不用給她面子，錄不錄用都不要緊，她沒有指望用糕點來賄賂面試官，要大家不用理會她。

人事經理對老太太印象不錯，她兒子給人感覺也很憨厚、實在，兒子以前開過貨車，是老駕駛員，後來一直在企業裡給長官開車。只是原來的工廠倒閉了，他才會在這個年紀面臨失業，要重新找工作。

司機這個職位也不需要太高的學歷，只要他為人踏實正派，車技過關，其他沒什麼大問題。既然如此，人事經理就當場拍板，跟他簽約了。

人事經理也沒想到，這個倉促的決定為日後的工作埋下了隱患。

2

一週後這位司機入職了，一改面試時的憨厚老實，工作變得懶散拖拉，還用無數謊言和藉口為自己的消極怠工找理由。

有一次，老闆要求他晚上去蕭山機場接客戶，他說媽媽胃不舒服住院了，下班後要去醫院照顧。這是人之常情，老闆只能安排業務員自己開車去接客戶。可是好巧不巧，幾位同事晚上出去聚餐時，正好碰到這位司機跟老太太在同一家店吃火鍋，吃得大汗淋漓，根本不是胃不舒服剛出院的樣子。

還有一次，公司安排他第二天上午八點去酒店接一位美國客戶，並強調務必準時。他前一天還答應得好好的，屆時又玩消失。業務員在客戶入住的酒店左等右等都等不來人，電話沒人接，短信不回覆，只能選擇叫計程車。結果這個司機當天一整天沒來上班，誰也聯繫不上。到了下午的時候，老太太主動打電話到公司找人事部門請假，理由是，家裡親戚來了，她讓兒子去接親戚了，請公司長官理解。

類似的事情一而再，再而三地上演，每次都是老太太打電話請假。甚至不能說是請假，而僅僅是「告知」。幾次之後，人事經理忍無可忍，要求跟這個司機解除合約。

結果老太太不幹了，天天來公司鬧，而且在辦公大樓裡舉著牌子，在過往路人面前抗議：無良老闆隨意要求加班，不支付加班工資，休息時間隨時打擾員工和安排工作，公司不人性化，等等。還說過去的地主都沒有這樣剝削長工的。

她反覆說，她兒子只要稍有做得不到位的地方，就被同事大聲呵斥；只要沒接到公司打來的電話，就要挨長官罵，如今居然還要被炒魷魚。她兒子已經患上了憂鬱症，精神受到嚴重創傷……

而她兒子呢？繼續玩消失，人不出現，電話不接，短信不回。

這個事情拖下去沒有意義，老闆決定立刻止損，於是跟老太太面談，給足了對方禮遇和面子，然後補償了她兒子整整五個月的工資，這才換來對方主動遞交辭職報告。

3

我想特別強調的是，這期間所有的手續，包括勞動協議的解除，一切談判往來都是老太太出面搞定的。她兒子都快四十歲了，居然還跟小孩子一樣，躲起來讓媽媽出面處理各種問題，我真不知道該如何評論。

也許有人會說，媽寶男有一個共同的特質，就是有一個十分強勢的母親，並喜歡干涉和管束孩子的一切。在這樣的原生家庭裡，媽寶男自己也很痛苦，他們也不想這樣。

但我的理解不同。我一直堅定地認為，成年人就需要為自己的決定負責，為自己的人生負責。

不管是工作、交友、結婚，還是興趣愛好，既然已經是成年人，就要徹底放棄依賴性。

不希望母親過多干涉，方法有很多種，如做到經濟獨立、搬出去住，或者嘗試跟母親推心置腹地談一次，表達自己的觀點和想法，包括自己對將來的計畫等。

所有人在母親眼裡，哪怕年紀再大，都是小孩子。也許母親並不想管束孩子，只是不放心而已。如果你認真表達了自己的觀點，告訴母親你想獨立面對和解決問題，並且證明了自己的確可以處理好問題，並不需要母親參與，那麼久而久之，她也會認可你的存在和價值，並會慢慢放手。

特別強勢、不容許孩子有任何唱反調的行為，這樣的母親並不是沒有，但絕對是極少數。誰不希望自己的孩子獨立並成材呢？哪怕我們不是那塊料，但在母親眼裡，我們也都是最棒的。

精神上斷奶，拒絕做巨嬰，才是我們進入職場的第一道門檻。如果這一步你都無法跨過，那麼你的職業生涯或許真的會一片灰暗。

4／

我記得自己讀書的時候，也有很強的依賴性，總是希望有人能告訴我要學哪些內容，要準備哪些東西，如何報名參加相關的考試，如何提升需要的技能。

當時寢室裡有位室友，資訊特別靈通。比如，要考報關員資格證啦，要參加商務英語考試啦，他都能第一時間獲知相關的資訊；去哪裡買教材和教輔，去哪裡報名，去哪裡參加培訓講座，以及如何安排時間，他都可以處理得井井有條。

那個時候的資訊流通遠不如今天發達，現在需要什麼資料和資訊，網上一搜索就可以找到，而那時各種資訊和資料都需要花費大量時間去尋找、對比，需要從老師和學長那裡取經，再自己總結，這樣才能得到比較可靠的內容。

我當時就特別依賴那位室友，總希望他把事情都替我辦好，希望他把現成的資料歸納、梳理好，我只需要直接去做就行，多容易！

後來我慢慢發現，這種依賴像吸鴉片一樣，讓我上癮且讓我習慣了偷懶。當這種行為不斷增強，當偷懶變成了習慣，我就等於成了半個廢人。

人都有依賴性，因為面對不可知的未來，面對自己沒經歷過的事情時，大家都會感到恐懼，都會覺得不自在。可難道有人天生就懂嗎？有人莫名其妙就能成為百事通嗎？自然不能。人家也有學習的過程，也有試錯的階段，然後才逐漸進步，才有了今天的能力。

被動也好，主動也罷，我們都需要戒掉那個無形的奶瓶，真正站起來。

《史記．李斯列傳》中有一句名言：「慈母有敗子，而嚴家無格虜。」

尊重不是別人給的，而是自己掙來的。我們都要遠離巨嬰，不管是別人還是自己。

因為克制而迷人

陳道明先生是我最喜歡的男演員，謙謙君子，棱角分明，不浮誇，不張揚，懂節制，是娛樂圈的一股清流，留下的角色和作品都是經典。

他說過這樣一番話：「我覺得做人的最高境界是節制，而不是釋放，所以我享受這種節制，我覺得這是人生最大的享受。釋放很容易，物質的釋放、精神的釋放都很容易，但是難的是節制。」

這句話充滿大智慧，說盡了人生哲理。當我們一無所有的時候，或許懂得謙卑，心懷感恩，或許低調行事，沉默隱忍，但一旦得志，功成名就之後呢？還能保持原來的形象嗎？是保持初心，還是變成了曾經自己都討厭的那個人？

失意時知道努力，期待有朝一日可以成功。可得意的時候，就開始無節制地放縱自己的欲望，變得醜惡，變得無趣，直到翻車為止。

這裡的問題是什麼？

不是壓抑太久了，一朝釋放後變得瘋狂，而是沒有控制好「度」，能放而不能收，把所有的自律都扔在了一旁。最後，只能讓自己一路下滑。

1

我初中時的一個學霸同學，學習非常用心，也足夠拚命。父親是當地的電力局高層，母親是銀行的高階主管，對他的教育十分上心，管束也很嚴格。那時候，我們要出去打個球什麼的，每次叫他，他都不出來，因為有家教要上，有作業要做，有吉他要練……

大考的時候，他果然不負眾望，考入上海前三的名校，還拿到了一筆不菲的獎學金。可沒過兩年，就聽到了他退學和重考的消息。原來一進大學，沒了家長的管束，他徹底放飛自我，開始沒日沒夜地打遊戲，持續性蹺課，考試掛科一門接一門。

學校給了他重修的機會，但他沒努力幾天就故態復萌，兩年下來沒幾門課能夠及格。最後學校無奈，直接給予開除處理。他只能中斷大學學業，重新回去上一年重考班，第二年繼續參加大考。

幸虧他底子不差，進入重考班，重新回到父母的嚴厲約束下，又一次考了高分，去了上海另一所高校。但這個時候，他大一，而我們這批同齡的兄弟，已經開始讀大四了。

兜兜轉轉三年，因為無法克制自己的欲望，飛得越高，反而摔得越慘。

2

美國船王哈利曾經跟兒子說：「等你二十三歲的時候，我就將公司交給你來打理。」所以哈利的兒子從小就知道，自己含著金湯匙出生，不需要多努力，多拚命，自然有父親打下的商業帝國等著自己去繼承。

到了兒子二十三歲生日那天，哈利帶著他去賭場玩。賭場的五光十色、紙醉金迷，極大地衝擊了這位年輕人的心靈，他開始幻想自己一擲千金的風範。哈利給了兒子兩千美元，反覆叮囑他，不要輸光，要留下五百美元。兒子自信地點了點頭，拍著胸脯說保證能做到。

然而只一會兒時間，他就把父親的話拋到了腦後，下場一搏殺，幾次下注後，輸得一文不剩。哈利安慰兒子，不要緊，改天可以再去玩，但是本錢不給你，你要自己學會掙錢。

兒子選擇了打工，掙到了七百美元，然後帶著這筆錢，又躊躇滿志地進了賭場。他給自己定下規矩，不能輸光，最多只能輸一半。可結果在賭桌上殺紅了眼，錢再次輸得精光。

等他再次靠打工掙了點錢，第三次進賭場的時候，這次跟前兩次沒什麼差別，還是一個字，輸！但是他這次控制住了自己，當錢輸掉一半時，他毅然決然收手，離開了賭場。雖然輸了錢，但在心裡，他反而有了成功的感覺，他感到可以克制自己的欲望，是可以做到自律的。

後來他再去賭場時，心態已然變得不同。他可以從容地下注，遊刃有餘地把輸贏都控制在一〇%左右，哪怕賺錢的時候，他都可以果斷停下而離場。

哈利欣慰之餘，正式任命兒子接班，掌管他的事業。兒子很詫異，便問：「我還沒來公司實習呢，對業務和各個部門的運作都不熟悉，是不是太快了？」

哈利卻說：「業務是小事，世上多少人的失敗，不是因為業務不行，而是無法克制自己的情緒和欲望。」

3／

寫到這裡，我突然想到一個成語，叫「欲壑難填」。誰不喜歡享受？誰又不想得到夢寐以求的一切？

但欲望本無止境，如果無法自我克制，只能在不斷追逐和釋放欲望中迷失。

剛入行的時候，工資只有幾萬元，理想是未來可以有四萬元月薪，可以上下班搭計程車，能做到這些就爽死了。

幾年後月薪破四萬，也沒爽死，反而無比憂愁，因為缺這個、缺那個，因為別人收入更高，別人有房有車，這時候就奢望年入百萬，這樣才可以過得舒服，甚至可以實現財務自由。

又是很多年過去，這個小目標已經實現，但自己開心嗎？一點都沒有，越是釋放壓力，不斷買買買，內心就越空虛，就越渴望得到更多的東西。

這是一種病態，因為無所克制，自信的背後其實充滿了自卑和焦慮；因為欲望的溝壑越來越深，需要更多的東西才能填滿，因此欲望等級也會繼續攀升。

如何改變？或許就要透過陳道明先生所身體力行的節制，或者說是克制。透過節制和自律，來保持自己最好的狀態。**真正的成功不需要外物的烘托，而在於內在的心態和氣度。**

孔子說：「克己復禮。」

美國作家Zig Ziglar說：「性格能夠觸發我們改變的決心，承諾使我們付諸行動，而自制力使我們堅持不懈。」

或許成功的人生，就是在任何階段，都能保持克制，用最好的狀態去經營自己的工作和生活。無關於經濟收入，無關於名望地位。

舉止有尺，欲望有度。

因為克制而迷人，這就是最好的自己吧。

國家圖書館出版品預行編目(CIP)資料

沒你強的人，為何混的比你好？：42堂職場素養升級課，幫你停止無效努力、調和工作倦怠，才華與機運發揮最大化 / 毅冰著. -- 二版. -- 新北市：方舟文化， 遠足文化事業股份有限公司, 2023.10
面； 公分. -- (職場方舟；4020)
ISBN 978-626-7291-57-3(平裝)

1.CST：職場成功法 2.CST：人際關係

494.35 112014181

職場方舟 4020

沒你強的人，為何混得比你好？

42堂職場素養升級課，幫你停止無效努力、調和工作倦怠，才華與機運發揮最大化

原 書 名　所有的付出，都会以另一种方式回报

作　　者　毅冰
封面設計　萬勝安
內文設計　莊恒蘭
主　　編　林雋昀
行銷主任　許文薰
總 編 輯　林淑雯

出 版 者　方舟文化／遠足文化事業股份有限公司
發　　行　遠足文化事業股份有限公司（讀書共和國出版集團）
231 新北市新店區民權路108-2號9樓
電話：（02）2218-1417
傳真：（02）8667-1851
劃撥帳號：19504465　戶名：遠足文化事業股份有限公司
客服專線：0800-221-029　E-MAIL：service@bookrep.com.tw
網　　站　www.bookrep.com.tw
印　　製　沈氏藝術印刷股份有限公司　電話：（02）2270-8198
法律顧問　華洋法律事務所　蘇文生律師
定　　價　380元
初版一刷　2021年11月
二版一刷　2023年10月
ISBN 978-626-7291-57-3　書號0ACA4020

方舟文化官方網站　方舟文化讀者回函